冲破云霄
——德国"桑格尔"空天飞行器

刘石泉 庄 剑 郭 健 编著

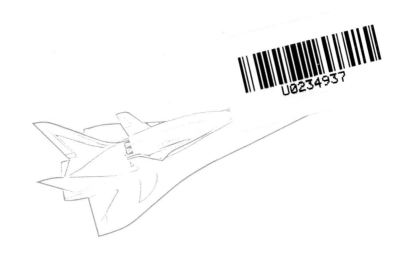

北京理工大学出版社
BEIJING INSTITUTE OF TECHNOLOGY PRESS

图书在版编目（CIP）数据

冲破云霄：德国"桑格尔"空天飞行器／刘石泉，庄剑，郭健编著．--北京：北京理工大学出版社，2022.4

ISBN 978-7-5763-1223-2

Ⅰ．①冲… Ⅱ．①刘…②庄…③郭… Ⅲ．①空天飞机—研究—德国 Ⅳ．①V475.2

中国版本图书馆 CIP 数据核字（2022）第 056202 号

出版发行／北京理工大学出版社有限责任公司

社　　址／北京市海淀区中关村南大街 5 号

邮　　编／100081

电　　话／（010）68914775（总编室）

　　　　　（010）82562903（教材售后服务热线）

　　　　　（010）68944723（其他图书服务热线）

网　　址／http://www.bitpress.com.cn

经　　销／全国各地新华书店

印　　刷／三河市华骏印务包装有限公司

开　　本／710 毫米 ×1000 毫米　1/16

印　　张／13.75

彩　　插／3　　　　　　　　　　　　　　　责任编辑／徐　宁

字　　数／204 千字　　　　　　　　　　　　文案编辑／刘琳琳

版　　次／2022 年 4 月第 1 版　2022 年 4 月第 1 次印刷　责任校对／周瑞红

定　　价／78.00 元　　　　　　　　　　　　责任印制／李志强

编 写 组

主　任：刘石泉

副主任：庄　剑　郭　健

成　员（按姓氏拼音排序）：

关成启　姜　硕　刘晓鹏　龙双丽　佘文学

佟富欣　王晖娟　王凯欣　王　雷　袁俊佳

张一鸣　周　宁　朱　鹤

序

君阅汗青已通史，

终局笔亦疏。

韶华峥嵘风尘掩，

回首觅当初！

京郊，岁末。忽翻旧历，竟是辛丑年、庚子月、辛亥日！

回首过往，历史寥寥几笔，虽是凑巧，自别有一番滋味。是混沌、麻木、沉沦，亦是清醒、抗争、自强！

饮一盏清茗，悲天地不仁、大疫未竟。播一炉薪火，庆伟业百年、再续新章。

回望岁首，寄望于以史为鉴，故携一众挚友，欣然执笔。几经翻译、整理、分析、校对，竟岁末成册。首篇为引，历数德国航天之波云际遇；次篇为纲，总览空天计划之恢宏方略；余篇为实，详述技术攻关之精髓要义。

岁聿云暮，日月其除！书中所及，已过三十余载！惜功亏一篑，未免自问：何为大国？或曰：大国者，必自主、自立、自信、自强！何为事业？或曰：成功不必在我，而功力必不唐捐！

愿居庙宇者，予梦想以时间，慰事业以宽容。

感叹中，已至黎明！

前　　言

随着空间活动的频繁开展，低成本已经成为整个航天工业发展的共同目标。对于航天运输来说，由一次性使用向重复使用的转变是有效降低运输成本的必然选择。迫切需要发展新一代重复使用航天运输系统，以促进高频次、大规模航天活动和太空建设。

空天飞行器是能够在稠密大气、临近空间、轨道空间往返飞行的重复使用航天运输系统，其按动力形式可分为火箭动力和组合动力两大类。与火箭动力相比，吸气式组合动力能够充分利用大气层中的氧气，显著提高燃料利用效率，降低单位质量载荷的运输成本，同时也将带来水平起降、机动便捷、安全可靠等类似普通飞机的技术特征。未来基于组合动力的空天飞行器将成为人类自由进出空间方式的重大跨越。

"桑格尔"空天飞行器是德国在20世纪80年代提出的一种两级入轨组合动力空天飞行器概念方案，并以此为牵引启动了国家高超声速技术项目，开展关键技术攻关研究。虽然该项目最终下马，但在技术研究、管理模式等方面所积累的大量宝贵经验依然具有极为重要的借鉴意义。

本书对德国"桑格尔"空天飞行器方案研究进行了系统、全面的分析，希望可为相关工程技术人员提供借鉴和参考。在内容编排上，第1章简要回顾了德国航天技术与重复使用航天运输系统发展历程，阐述了德国"桑格尔"方案的历史背景；第2章全面介绍了以"桑格尔"方案为核心的德国高超声速技术项目的研制规划、组织机构及总体方案；第3、4、5、6章分别围绕"桑格尔"推进系统、气动技术、结构热防护、飞行试验4个方面开展了系统分析；第7章总结归纳了主要成就和经验教训，提出了未来发展面临的关键技术问题；第8章对空天飞行器的近期进展进行了介绍，并对未来空天时代进行了展望。

在本书的编著过程中，参考了国内外众多的学术成果，在此表示由衷的感谢。此外，还要感谢参与本书编著及校对的所有编写组成员们。由于编者能力、水平有限，本书的内容可能存在不足之处，恳请读者不吝指正。

编　者

2022 年 3 月 30 日

目　　录

第1章 概　　述

1.1　德国航天技术的起源

1.1.1　大师辈出的岁月

1922 年，一位 28 岁的青年学者向德国海德堡大学提交了一本关于以火箭为推进动力开展星际旅行的博士论文，从理论上阐明了火箭如何获得脱离地球引力的速度。然而，他提交的论文却被认为是"太异想天开"而驳回了。但他坚信自己的研究成果，拒绝重写一篇博士论文，并且就是要证明自己"我没有博士头衔，也能干得比你们好"。1923 年，他自费出版了自己 92 页的博士论文——《飞往星际空间的火箭》。随后，他又将这篇论文扩充成一本 429 页的图书——《通向空间之路》。谁也没有预料到，通往空天飞行的大门就这样被悄然打开。这位青年就是后来与齐奥尔科夫斯基和戈达德齐名的赫尔曼·奥伯特（图 1.1）。

图 1.1　赫尔曼·奥伯特

就如大多数新技术诞生一样，航天科技在当时德国的学术界和工业界尽管引起了争议，但是并没有受到过多关注。要知道 20 世纪 20 年代，现代科技的雏形才刚刚出现。人类刚刚完成交流电和内燃机的发明制造和推广，化学工业也才刚刚建立，现代工业的发展仍处于萌芽状态。距离 1913 年第一辆流水线生产的福特 T 型车完成制造刚刚过去 9 年，汽车作为代步工具才开始影响寻常百姓的日常生活（图 1.2）。人类历史上第一架有动力的飞机（图 1.3）"飞行者一号"试飞成功也只是 20 年之前的事情，此时的航空业被飞艇压制的毫无还手之力，此后直到 1933 年才正式开通世界上第一条正规航线（图 1.4）。

图 1.2　福特 T 型车

图 1.3　莱特兄弟制造的第一架有动力飞机——"飞行者一号"

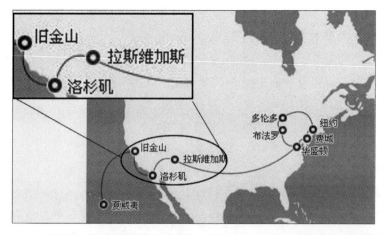

图 1.4　世界第一条空中航线"旧金山—洛杉矶"与美国早期其他主要航线

汽车、飞机对人类来说尚且是新鲜事物，太空更是可望而不可及的存在，因此宇宙航行被视为只有在科幻小说中才会出现的情节也就不足为奇。

无论如何，赫尔曼·奥伯特的著作成功吸引了两位青年才俊的注意。一位就是后来家喻户晓、当时只有 18 岁的维尔纳·冯·布劳恩（图 1.5）。

他在读到《通向空间之路》时被奥伯特超前的想法所吸引，并立志从事航天领域的研究工作。中学毕业后，布劳恩进入夏洛腾堡工学院，当时的

图 1.5　维尔纳·冯·布劳恩

德国业余火箭爱好者已经掀起了火箭研究热潮，布劳恩也加入其中。1930 年春天，在朋友的帮助下，布劳恩幸运地见到了奥伯特，并加入了其创建的德国空间旅行协会。奥伯特也对布劳恩大力栽培，使其成功进入该协会的核心，很快成为理事会成员。毕业后，布劳恩进入柏林大学攻读博士学位，继续从事火箭相关研究工作，并受到了德国军方代表的关注，得到了军方资助后短时间内开展了大量研究工作。1934 年，布劳恩通过了柏林大学为其专门组织的论文秘密答辩，获得了物理学博士学位，此时的他年仅 22 岁。此后，布劳恩顺利地成为一名德国陆军研究人员，在第二次世界大战期间主持研制了 V‑2 导弹（图 1.6），

图 1.6　V‑2 导弹

并在第二次世界大战后 20 世纪 60 年代主持了美国的阿波罗登月计划。

值得一提的是，布劳恩并未忘记奥伯特的知遇之恩，尽管在战时德国和战后美国奥伯特曾经在布劳恩的手下工作，但布劳恩始终把奥伯特尊为领路人和导师。

另一位年轻人就是后来因升力体和吸气式动力而闻名业界的尤金·桑格尔（图 1.7）。桑格尔于 1905 年 9 月 22 日出生在德国和捷克边境的普莱斯尼茨小镇上（当时是奥地利领土）。

20 世纪 20 年代末，他在奥地利的格拉茨技术大学和维也纳技术大学读土木工程期间，接触到了奥伯特的著

图 1.7　尤金·桑格尔

作后深受触动，从此投身火箭研究。与奥伯特的命运惊人地相似，他以火箭相关研究为主题撰写的博士论文也被驳回，并且是以相同的理由"太异想天开"。不过桑格尔却不像奥伯特那么倔强，随后选择了以机翼桁架为主题改写论文，并顺利取得博士学位。1933 年，他将自己被驳回的论文以《火箭飞行工程》为题进行了出版，同时还出版了其他关于火箭的科技论文。

对于我们大多数人来说，桑格尔的名字是在 2019 年国庆阅兵后才被熟知的。东风 – 17 弹道导弹（DF – 17）的首次亮相使得"钱学森弹道"和"桑格尔弹道"，两个原本属于航天领域的专业名词，一时间成为人尽皆知的谈资（图 1.8）。

随着对 DF – 17 的热议，桑格尔的名字从航天科研的故纸堆里走进了大众的视野。钱学森弹道是在 20 世纪 40 年代提出的一种助推 – 滑翔弹道设计构想，利用火箭助推冲出大气层，再入大气层后进行无动力滑翔机动飞行。桑格尔弹道则是在 20 世纪 30 年代提出的一种飞行剖面设计思路，上升段与钱学森弹道相同也是采用火箭助推，之后则在大气层边缘跳跃飞行，以此增大射程。

但在当时，桑格尔将这一创新构想提交给奥地利国防部门时，奥地

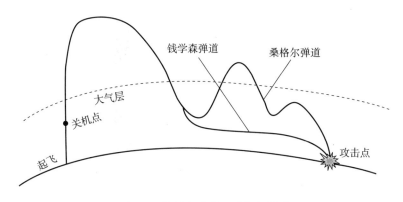

图 1.8　钱学森弹道和桑格尔弹道

利军方并没有给予过多关注，认为他的想法并不可行，并于 1934 年将其否决。相反，德国空军对桑格尔的研究工作却产生了极大的兴趣，时任德国空军总司令的赫尔曼·戈林为了与德国陆军展开先进武器的研发竞争，将桑格尔纳入空军麾下，并希望可以独立于陆军的火箭研究项目，推动空军自己的研究工作。在那个疯狂的年代，国际形势暗潮涌动，任何能够颠覆战争进程、扩大势力范围的技术手段都能够得到德国的重视。桑格尔果然不负众望，基于空天飞行概念提出了一种新型飞行器方案——空天飞行器，能够从欧洲起飞、进入临近空间和轨道空间，实现亚轨道飞行，直接轰炸美国并滑翔返航水平着陆。

　　至此，布劳恩和桑格尔两位航天先驱分别在德国陆军和空军的支持下，竞相开展了以惯性弹道导弹和空天亚轨道机动飞行作战平台为目标的项目研制工作，两条路线的同步开展大力推动了世界航天技术的进步。作为两个年轻人的领路人，赫尔曼·奥伯特一直活到了 1989 年，其一生见证了两位年轻人在航天史上的辉煌业绩，目睹了 V-2 导弹、第一颗人造卫星、载人航天、载人登月、空间站、航天飞机、深空探测等航天史上的一个又一个里程碑。

1.1.2　"美利坚轰炸机"计划与"银鸟"空天轰炸机

　　尽管 V-x 型导弹被认为是后续运载火箭和弹道导弹的发展起源，但是在第二次世界大战期间的德国并未将赌注仅押在这一种新型概念武器上。在导弹的发展路线中，德国同步发展了地-地、空-空、地-

空、反坦克、空射反舰等诸多导弹（表1.1）。只不过这一时期的导弹尚处在初创阶段，由于技术条件的限制，性能并不十分可靠，最终只有极少部分被投入实战。虽然如此，这些导弹在当时也称得上是"黑科技"的代表，在世界上都处于相当领先的地位，深刻影响了后续导弹的发展，成为现代导弹的鼻祖。

表1.1　德国早期的典型导弹

导弹类型	代号	研制时间/年	最大射程/km
地 - 地导弹	V - 1	1930	240
	V - 2	1942	320
	A9/A10	1944	5 000
空 - 空导弹	RK - 344	1943	1.5 ~ 3.5
地 - 空导弹	瀑布	1943	15
反坦克导弹	X - 7 小红帽	1944	1.5
空射反舰导弹	HS - 293	1943	18.5

值得一提的是，第二次世界大战后期德国为了扭转战争颓势，在布劳恩的带领下研制了一种能够直接打击美国本土的远程弹道导弹——A9/A10导弹（图1.9）。A9/A10导弹采用两级火箭串联方案，一子级A10将6台V - 2导弹的火箭发动机连在一起，二子级A9则是一枚改进后的V - 2导弹。导弹最大速度为3 300 m/s，射程可达5 000 km，能够覆盖整个美国东海岸地区，成为世界上首枚洲际弹道导弹。

图1.9　A9/A10 导弹

与此同时，德国还致力于研制高速作战平台，这条路线的发展同样大放异彩。自20世纪30年代初研制出火箭及喷气动力后，德国发展了一系列高速（相对于螺旋桨飞机）战斗机、轰炸机（表1.2）。凭借着跨代动力技术，德国空军一度成为当时全球仅次于苏联空军的强大存在。但是好景不长，英美两国结为同盟后，开始屡屡以千架以上的远程轰炸机对德国进行大规模战略空袭。在这种背景下，以实现远程轰炸为核心的"美利坚轰炸机"计划被提升到新的战略高度，一时间德国国内远程轰炸方案群起。

表1.2 德国早期的典型战机

类型	代号	公司	主要参数
战斗机	Me‒262	梅塞施密特	机长10.6 m；翼展12.5 m；机高3.5 m；机翼面积21.7 m²；空重4 000 kg
	AR‒234	阿拉多	机长12.58 m；翼展14.2 m；机高3.75 m；机翼面积26.4 m²；空重4 750 kg
	He‒162	亨克尔	机长9.10 m；翼展8.45 m；机高2.55 m；机翼面积11.16 m²；空重1 750 kg
	Me‒109	梅塞施密特	机长9.048 m；翼展13.27 m；机高2.69 m；空重6 000 kg
	Fw‒190	福克‒沃尔夫飞机制造厂	机长10.19 m；翼展10.5 m；机高3.36 m；机翼面积18.3 m²；最大起飞重量4 300 kg
	Me‒410	梅塞施密特	机长12.48 m；翼展16.35 m；机高4.28 m；空重7 518 kg
轰炸机	Ju‒87（俯冲）	容克斯	机长11 m；翼展13.8 m；机高4.23 m；机翼面积31.9 m²；空重3 205 kg
	Ju‒89	汉莎航空	机长26.3 m；翼展35.02 m；机高7.5 m；机翼面积184 m²；空重1 750 kg
	Ju‒90	汉莎航空	机长9.10 m；翼展8.45 m；机高2.55 m；机翼面积11.16 m²；空重19 225 kg
	Ju‒290	容克斯	机长28.64 m；翼展42.00 m；机高6.83 m；机翼面积203 m²；空重33 005 kg
	Ju‒390	容克斯	机长34.20 m；翼展50.30 m；机高6.89 m；机翼面积254 m²；空重39 500 kg

续表

类型	代号	公司	主要参数
轰炸机	Do – 19	多尼尔	机长 25.4 m；翼展 35.00 m；机高 5.77 m；机翼面积 162 m²；空重 11 865 kg
	He – 111	亨克尔	机长 16.4 m；翼展 22.60 m；机高 4.00 m；机翼面积 87.6 m²；空重 8 690 kg
	He – 117	亨克尔	机长 22 m；翼展 31.44 m；机高 6.39 m；机翼面积 102 m²；空重 16 800 kg
	Me – 264	梅塞施密特	机长 21.3 m；翼展 43 m；机高 4.3 m；机翼面积 127.8 m²；空重 21 150 kg
	Ho – 229	哥达	机长 7.47 m；翼展 16.76 m；机高 2.81 m；机翼面积 50.2 m²；空重 4 600 kg

　　在众多方案中，桑格尔提出了"银鸟"空天轰炸机（图1.10），它是一种火箭动力的带翼飞行器，通过火箭助推爬升至亚轨道实现远程高速飞行。图1.11为"银鸟"空天轰炸机滑轨起飞幻想图。

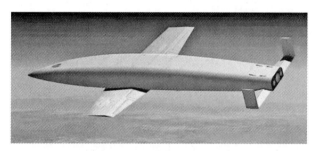

图1.10　"银鸟"空天轰炸机

图1.11　"银鸟"空天轰炸机滑轨起飞幻想图

　　按照设想,"银鸟"空天轰炸机将在 3 km 长的滑轨上起飞,采用火箭助推加速至 1 930 km/h (Ma1.5),升空后抛掉笨重的助推火箭,启动自身火箭发动机继续加速爬升至 145 km 的亚轨道高度,此时速度达到 21 800 km/h (Ma20)。之后,在重力的作用下滑翔下落,当再次进入大气层时,空气密度急剧增大,飞行器在稠密大气中超高声速飞行将产生巨大激波,形成一种"水漂力"。在这种"水漂力"的作用下飞行器能够再度弹出大气层,如此反复多次,从而达到高速远距离飞行的要求。采用推力 100 t 的液体火箭发动机,"银鸟"空天轰炸机总航程可达到 19 000 ~ 24 000 km,并可实现 4 000 kg 的载弹量。

　　桑格尔所提出的这种构想在当时那个年代相当惊人,如果研制成功,将是比 V - 2 导弹更震撼的颠覆性武器。德国航空部在布伦瑞克专门为桑格尔建立了一个研究所,并配置了液氧工厂和可以测试 100 t 推力的火箭试验台。然而,由于桑格尔的设计过于超前,受当时技术水平的限制,在开展一些小尺寸的预研试验后,"银鸟"空天轰炸机项目最终在 1942 年下马。尽管如此,桑格尔在"银鸟"空天轰炸机设计中所体现的超前思想,为人类在航空航天领域的创新提供了更为广阔的想象空间,成了后来空天飞行器的起源。

　　此后,桑格尔被调到德国滑翔飞行研究所,转向以冲压发动机为动力的 SK P.14 战斗机 (图 1.12) 方案研究工作。外观上这种飞行器类

图 1.12　SK P.14 战斗机

似于 Me－163"流星"火箭动力战斗机，但它采用的是一种全新的动力方案——冲压发动机。整个飞行器是围绕发动机进行设计的，采用可收放的滑轨起落架，起飞时飞行器坐落在轮式小车上，用火箭助推起飞，升空后抛弃小车。桑格尔在德国滑翔飞行研究所一直工作到二战结束。恰恰是这一段巧合而宝贵的经历，使桑格尔的名字最终与一种以吸气式发动机为动力的新概念空天飞行器相联系起来，使其成为第二次世界大战后德国空天飞行计划延续的传奇。

1.2　冲压技术登上历史舞台

第二次世界大战后，桑格尔进入法国工作。1951 年，世界宇航协会成立，桑格尔成为第一任主席。1954 年，桑格尔回到德国，1957 年出任斯图加特推进研究所主任，1961 年成为容克斯公司的顾问，在此期间一直从事冲压动力的相关研究。与火箭发动机相比，冲压发动机能够在大气层内提供更高的比冲，减少飞行器氧化剂的携带量，是一种能够使飞行器在稠密大气至临近空间高效机动飞行的动力装置。

法国是最早开展冲压发动机研究工作的国家，早在第一次世界大战之前就开展了理论研究。1913 年，法国发明家雷内·洛林首次提出了冲压发动机的基本概念（图 1.13）。冲压发动机是一个形状简单的管道，没有涡轮叶片或其他活动部件。其基本原理是气流由进气道的尖锥产生激波，使进入的气流减速增压至亚声速，进入发动机的高速气流的

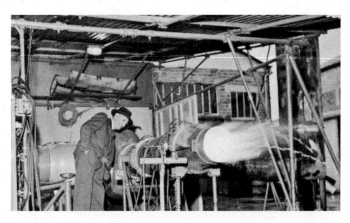

图 1.13　雷内·洛林与冲压发动机

动能转化为燃烧室的压力,通过一组喷油孔为燃烧室注入燃料,燃料与压缩后的高温高压空气混合后点燃,采用火焰稳定器提供稳定燃烧,产生的热气流通过收缩-扩张型喷管排出,从而产生推力。进气速度越高,进气道对气流的压缩就越大,所产生的推力也就越大。在法国空军部的资助下,1947年航空工程师雷内·莱杜克设计并制造了首架采用冲压发动机的验证飞机,代号为莱杜克0.10。

与SK P.14战斗机方案非常相似,莱杜克0.10采用SE-161"朗格多克"运输机驮载起飞,"朗格多克"运输机背部安装有3副三角支架,前两副与莱杜克0.10机翼根部固定相连,后一副采用一根液压支柱与其尾部固定相连,用于调节莱杜克0.10的迎角(图1.14);当组合体达到冲压发动机的启动速度后,莱杜克0.10点火,"朗格多克"运输机进行一个浅俯冲,尾部支架的液压支柱缩短使得莱杜克0.10保持一定迎角,此后连接点断开实现分离。这种驮载式的组合体构想与德国后来的"桑格尔"方案简直如出一辙。在进行几次试飞后,莱杜克0.10在1949年首次成功实现了在冲压发动机最大推力下的飞行。至此,冲压发动机在世界范围内逐渐得到了大量应用。初期的应用主要集中在导弹上,为实现高速打击提供了可能。

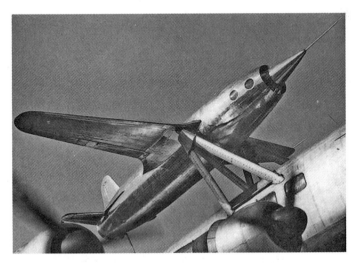

图1.14　"郎格多克"运输机背上的莱杜克0.10

与此同时,其他欧美国家也大力推动冲压动力导弹的研制工作。英国开发了"警犬"防空导弹,并在英国空军服役。美国开发了"波马

克"远程地 – 空飞航式导弹，用于抵抗苏联的高空远程轰炸机，并提出
SM – 64"纳瓦霍"战略巡航导弹计划，用于战略威慑。苏联最为惊人，
发展了"风暴"导弹和"暴风雪"导弹（图 1.15）两项超声速远程巡
航导弹计划，设计参数如表 1.3 所示。

（a）　　　　　　　　　　　　　　　　（b）

图 1.15　"风暴"导弹与"暴风雪"导弹

（a）"风暴"导弹；（b）"暴风雪"导弹

表 1.3　"风暴"导弹和"暴风雪"导弹设计参数

代号	长度/m	直径/m	起飞质量/t	巡航马赫数	射程/km	载荷/t
风暴	18	2.2	96	3	8 500	2.21
暴风雪	23	2.4	125	3	8 500	3.5

"暴风雪"导弹的起飞质量达到 125 t，"风暴"导弹起飞质量也达
到了令人咂舌的 96 t，成为人类历史上最大型的巡航导弹。此外，这两种
导弹还可在全程保持 $Ma3$ 的超声速飞行，射程也达到了惊人的 8 500 km。
1960 年，"风暴"成功开展了飞行试验测试。

随着冲压技术的逐渐成熟，其高比冲、不需要携带氧化剂、飞行轨
迹更为灵活的优势逐渐获得世界军事强国的青睐。冲压发动机的这种特
性突破了当时发动机在运用上的限制，但同时也带来了其他问题——它
必须要获得一个启动速度才能点火实现启动。随着一种综合涡轮、火箭
和冲压等动力的组合发动机出现，零速启动问题终于得到解决，冲压技
术开始登上航天运输系统的历史舞台。在此后世界航天的发展历程中，
组合动力和火箭动力交替出现在重复使用航天运输系统的舞台中心，推
动了人类由一次性航天发射向重复使用的技术发展，并延续至今。

1.3　重复使用航天运输系统的早期世界格局

1.3.1　起源

1957 年 10 月 4 日，苏联成功地将世界上第一颗人造地球卫星发射入轨（图 1.16）。此时，已经没有人再质疑奥伯特和桑格尔的论文是否是异想天开，也没有人再质疑探月、探火、入轨甚至建立空间站等航天活动的可行性。人类已经迈进了太空时代，宇宙航行已经从科幻小说成为科学事实，所有探索太空想法的实现都只是时间问题。但随之而来的是如何降低空间运输成本、实现灵活便捷运用，使人类大规模地进出空间成为可能。自然而然，实现廉价、便捷空间运输的技术途径是使这种复杂的运载工具由一次性发射实现重复使用。这就要求运载工具一方面能够在指定的区域软着陆，实现可控回收；另一方面在重复使用次数和单次维护的折中成本上大幅低于一次性火箭的使用费用，从而提高寿命周期内的运输总效益。

图 1.16　世界上第一颗人造地球卫星

在可控回收方面，涉及空气动力学、热力学、结构、稳定性分析与控制等与再入返回、减速着陆相关的一系列技术。在"苏联英雄"尤里·加加林成功完成世界第一次载人航天任务并成功返回后，"弹道式""半弹道式""升力式"等再入方式以及垂直、水平等多种着陆方式被后来的世界主要航天大国逐一验证，逐渐走向成熟。在重复使用方面，由于需要从地面零速起飞，并加速至轨道空间，飞行器因选用的动力装置不同，可划分为两类：第一类是传统的火箭动力飞行器，通常采用垂直发射方式，并以垂直或水平着陆方式返回；第二类是采用了以冲压发动机为核心的组合动力装置，能够使飞行器在地面水平起降，像飞机一样背负载荷并发射入轨。

组合动力是在 1959 年提出的一种新概念动力装置，能够融合冲压、涡轮、火箭等多种动力的优势，既能够实现水平起降又能够具备加速至轨道速度的技术潜力，同时在稠密大气至临近空间吸收空气中的氧作为氧化剂，大幅降低氧化剂携带量，比火箭发动机的比冲可提高 5～10 倍（图 1.17）。鉴于组合动力的突出优势，当时美欧等航天大国针对组合动力均展现出了浓厚兴趣。尽管组合动力涉及多种热力循环的高度集

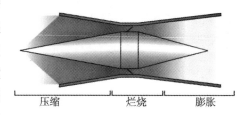

压缩　　　烂烧　　　膨胀

图 1.17　超燃冲压发动机示意图

成发动机系统相对复杂，但其有望实现单级入轨、能够在稠密大气至近地轨道自由飞行的潜在运用优势使任何一个军事大国不敢轻视。毕竟从爱因斯坦在纸面上提出质能方程到第一颗原子弹实战运用也才仅仅 40 年左右，而此时的冲压动力技术已经在第一代超声速导弹中迅速发展起来。在美苏太空竞赛的大背景下，从 20 世纪 60 年代起，重复使用航天运输系统围绕火箭发动机和组合发动机两种动力形式掀起了世界发展热潮。

1.3.2　群雄逐鹿的 20 世纪 80 年代

自 20 世纪 50 年代开始，火箭动力与冲压动力的技术发展带动了高超声速技术的起步，大气层内高超声速飞行和跨大气层空天自由往返成为可能。在当时美、苏冷战的历史背景下，秉持着"谁掌握太空谁就掌握未来"的理念，美国和苏联两个超级大国开展了长达数年的太空竞赛，而重复使用空间运输系统作为进入太空技术中一个新的战略制高点，迅速成为备受关注的焦点。自此，以美国、苏联为代表的航空航天大国充分认识到空天飞行技术对未来将产生的深刻变革，纷纷投入巨资开展相关技术研究，使空天飞行技术进入了全面探索阶段，其发展历程如图 1.18 所示。

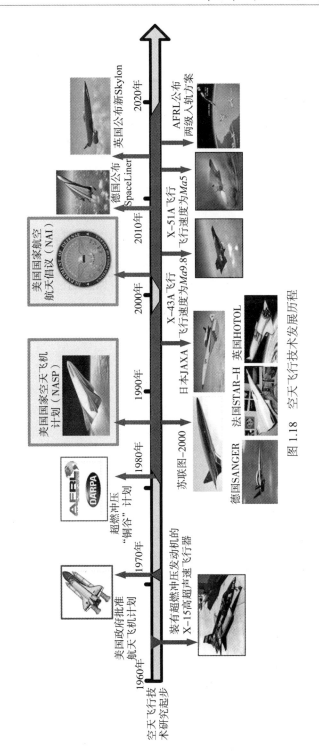

图 1.18　空天飞行技术发展历程

1. 美国

美国在对重复使用航天运输系统研究中，同步推进火箭动力和组合动力两条技术路线的发展。

自20世纪50年代开始，在德国开展运载火箭研制的同时，美国开展了以单级入轨飞行器为目标的预先研究工作，重点攻克超声速燃烧冲压发动机技术。

1955年，由NASA牵头，联合美国空军、海军以及北美航空公司共同开展了X-15高超声速试验机（图1.19）计划，X-15试验机共生产了3架，完成了199次试验飞行。1964年2月，第二架X-15被改装为X-15A-2，作为高超声速研究用发动机计划（Hypersonic Research Engine Project，HREP）的试验飞行器。HREP计划1964年由NASA推出，主要目的是牵引重复使用火箭动力飞行器的发展，同时为超燃冲压发动机在$Ma4 \sim 8$时的推力性能验证提供一型良好的试飞平台，加快在大气层高超声速飞行的飞行器使用吸气式推进技术的发展进程。1967年10月3日，飞行员驾驶X-15A-2试验机最大飞行速度达到$Ma6.72$，实现了对超燃冲压发动机多项关键技术的验证。该项目在超燃冲压发动机及以其为核心的高超声速飞行器技术领域积累了大量的数据和研究经验，为此后美国在空天领域长期保持领先地位起到了重要的作用。由于组合动力重复使用航天运输系统的技术难度较大，火箭动力空天飞行器率先形成了一次性应用能力。

图1.19　X-15高超声速试验机

　　在上述研究的基础上，美国空间研究组于 1969 年提出了航天飞机计划（Aerospace Plan），旨在研究一种可重复使用的新型空间运输系统。1971 年，该项计划由 NASA 牵头正式启动。1982 年，首架工作机"哥伦比亚"号航天飞机（图 1.20）完成第 5 次飞行，至此美国航天飞机正式投入运行，主要执行人员/货物运输、航天器维修、外太空试验等多种任务。美国航天飞机成为世界上首个投入实用的部分重复使用空间运输系统，为人类天地往返活动开辟了一条可用途径，也为下一代载人航天器的发展提供了有力的技术探索。

图 1.20　"哥伦比亚"号航天飞机

　　与此同时，美国并未放弃组合动力重复使用航天运输系统的技术发展。在 1982—1985 年，DARPA 依靠"铜谷"计划开展了液氢超燃冲压发动机的研制工作，美国空军开展了跨大气层飞机计划（Trans Atmospheric Vehicle，TAV）分别从动力和飞行器两个层面进一步支撑了吸气式空天飞行器技术发展。在航天飞机使用成本不降反增和"挑战者"号爆炸惨剧的双重压力下，DARPA、空军、海军、战略防御计划局和 NASA 等多家单位在 1986 年联合启动了国家空天飞机计划（National Airport System Plan，NASP），旨在发展以超燃冲压发动机为动力、完全可重复使用、单级入轨、水平起降的空天飞行器，以大幅降低航天运输成本，大幅度提高航天运输的安全性和可靠性。在 NASP 项目的牵引下，美国系统地建设了一系列技术研究条件，构建了组合动力重复使用航天运输系统的关键技术体系，为后续发展奠定了坚实基础。

2. 苏联

20 世纪 60 年代初，苏联空军开展了天地往返运输系统相关研究，提出"螺旋"空天飞行器（图 1.21）计划，提出了以吸气式超声速载机为一级飞行器、军用飞船为二级飞行器的两级入轨空天飞行器方案。1976 年 10 月 11 日，亚声速气动外形验证机米格 - 105 完成了第一次飞行；1977 年 11 月 27 日完成了在 5 000 m 高空上从图 - 95KM 型载机上的第一次投放试验；随后总共进行了 8 次投放试验，确定了该空天飞行器的亚声速气动性能和在大气层飞行中各系统的工作性能。

图 1.21   "螺旋"空天飞行器

由于美国成功开展"阿波罗"登月计划及航天飞机研制计划，1978 年，苏联转而发展"暴风雪"号航天飞机（图 1.22）作为下一代轨道飞行器。苏联原计划将制造 5 架航天飞机轨道器，1988 年 11 月 15 日，第一架"暴风雪"号航天飞机首次进行了不载人轨道飞行。

1986 年，为了与 NASP 计划竞争，苏联由图波列夫设计局提出了图 - 2000 单级入轨高超声速空天飞行器计划（图 1.23）。图 - 2000 采用流线型翼身融合设计，安装于机身腹部的 8 台涡喷/超燃冲压发动机将飞机加速至 $Ma6$ 以上后，火箭发动机点火工作将飞机加速至 $Ma25$ 后入轨。

图 1.22　"暴风雪"号航天飞机

图 1.23　图-2000 空天飞行器

3. 法国

法国是世界上最早提出组合动力概念的国家，在 20 世纪 50 至 80 年代先后针对组合动力和火箭动力重复使用航天运输系统开展了研究。

1953 年，法国北方航空公司启动了 Griffon II 飞机的研制工作，目标是开发一架 Ma2 以上的实用性飞机。考虑到涡轮喷气发动机低速性能良好，而冲压发动机高速性能良好，为了获取双方优点，技术人员将两者结合为一个组合循环发动机。1959 年 10 月 5 日，以涡轮冲压组合发动机为动力的 Griffon II 飞机（图 1.24）创造了当时吸气式发动机飞行速度世界纪录，以 1 640 km/h 的速度完成了 100 km 的闭环飞行。此后，吸气式组合动力技术被认为是推动未来新一代空间运输系统中的关键技术。

图 1.24   Griffon Ⅱ 飞机

1964 年，达索公司提出跨大气层空天飞机（TAS）方案。TAS 是一种水平起降两级运载系统方案：一级采用吸气式动力；二级采用火箭动力。基于这一方案提出了两型构想 TAS – 1 和 TAS – 2：TAS – 1 采用完全可重复使用的一子级运载一次性火箭，起飞总质量为 150 t；TAS – 2 的两级则均采用完全可重复使用构型，起飞总质量为 230 t。该研究方案是法国对吸气式组合动力技术在空间运输系统上应用的初步探索。

20 世纪 80 年代，美国航天飞机的研制成功，使法国也转向航天飞机方案的研究。1979 年，法国国家空间研究中心提出了一项小型航天飞机研制计划，之后命名为"使神"号航天飞机（图 1.25），1984 年成为欧洲空间计划的一部分，是欧洲研制的首个重复使用空间运输系统。"使神"号航天飞机由新研大型"阿丽亚娜 5 号"运载火箭助推，垂直起飞送入运行轨道，完成轨道作业后再入大气层，返回地面水平着陆，属于一种高超声速滑翔飞行器。

"使神"号航天飞机研制后期困难重重，法国重新开展了对吸气式推进空天飞行器潜在候选方案的探索。从 1986 年开始，法国启动了重复使用吸气式组合动力空天飞行器的方案研究，为新一代空间运输系统及推进系统的发展起到了支撑作用。图 1.26 为 STS – 2000 水平起降单级入轨方案效果图。

4. 英国

英国在 20 世纪 80 年代重点发展组合动力重复使用航天运输系统。英国宇航公司提出了"霍托尔"（HOTOL）计划，旨在研制一种水平起

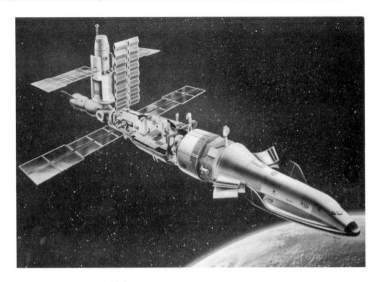

图 1.25 "使神"号航天飞机

图 1.26 STS – 2000 水平起降单级入轨方案效果图

飞和着陆、单级入轨的空天飞行器,用于将卫星送入轨道,也能执行建造和维护空间平台、从轨道上回收卫星、对地观测等任务。图 1.27 为"霍托尔"空天飞机。

为了实现单级入轨,"霍托尔"空天飞机采用了一种组合动力推进系统,配有由罗尔斯·罗伊斯公司研制的吸气式和火箭组合动力 RB545 发动机(图 1.28)。

这套组合动力推进系统具有双功能火箭燃烧室,在低空大气层时利用吸入的空气作为氧化剂,达到 26 km/$Ma5$ 后使用液氧作氧化剂。与一

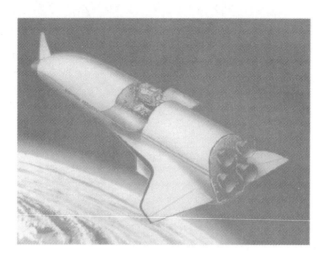

图 1.27 "霍托尔"空天飞机

图 1.28 RB545 发动机

般的火箭发动机相比,减少了液氧的携带量,从而可大大减小空天飞机的总质量或增加有效载荷,为实现单级入轨提供有利条件。根据项目初期的原定计划,"霍托尔"空天飞机在 1987 年下半年研制成功,1998—2000 年进行商业飞行。

5. 中国

20 世纪 80 年代,中国启动了超燃冲压发动机概念方案研究,对超燃冲压点火、稳定燃烧、结构抗烧蚀等主要技术进行了初步的探索。20世纪 80 年代中期，航天工业部第三研究院（现为中国航天科工集团第三研究院）提出了基于 RBCC 组合动力的两级入轨方案，据此开展了组合动力重复使用航天运输系统的方案论证。1986 年，中国启动了 863 计划，在针对天地往返运输系统的论证中，筛选出空天飞机、火箭飞机、带主动力航天飞机、不带主动力小型航天飞机、多用途宇宙飞船 5 种主要方案（图 1.29）。针对这 5 种主要方案，专家组开展了长达 3 年的反复探讨，对各种方案的技术途径进行了深入论证和对比分析，为中国之后航天运输系统的发展指明了方向。

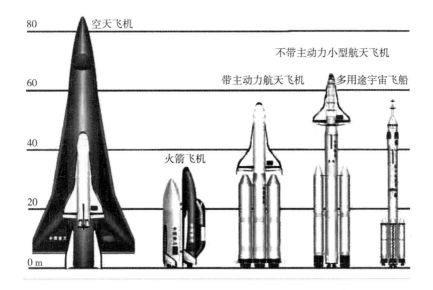

图 1.29　中国早期对航天运输系统的论证方案

　　这些国家凭借其航天领域的持续投入，一举奠定了当时世界航天大国的地位。相比之下，作为航空航天技术起源地的德国，因其是第二次世界大战的战败国和被占领国的身份，第二次世界大战后航天技术发展并未获得过多关注。然而，谁也没有料到，联邦德国（第二次世界大战后德国分裂为联邦德国和民主德国，后简称德国）在 20 世纪 80 年代中期提出了一项能够与美国 NASP 相提并论的空天飞行器研发计划，使其高超声速技术成体系地迅猛发展，深刻地改变了对于进出空间方式的认知。在这项计划的引领下，德国一举成为欧洲空天飞行领域的引领者，这就是著名的"桑格尔"Ⅱ计划。

1.4 德国"桑格尔"Ⅱ计划

1.4.1 囚徒困境

经济实力、军事实力、科技实力是当今大国在世界舞台上博弈的三驾马车。20世纪50年代，当最后一片战争废墟被清理干净后，作为战败国，德国发现自己在世界舞台上正处于一个异常尴尬的困境。

在经济上，美国为了与苏联对抗，扩大自身势力范围，提出欧洲复兴计划，即"马歇尔"计划，旨在针对被战争破坏的欧洲国家进行经济援助，协助其重建。德国由美国托管后，也被纳入这一计划。该计划看似向欧洲国家提供援助，但实际上是伴随着相当多的附加条件，如必须从美国购买相关物品以及各种投资协议、贸易协议、减免关税的协议等，使得美国企业顺利进驻欧洲市场，同时将自身过剩的产能转移到了欧洲。此外，美国还借此机会提出并构建了以美元为核心的布雷顿森林体系，让欧洲比过去更加依赖美元。通过这项计划，尽管德国经济得以快速恢复，历年GDP处于欧洲前列，但同时也失去了完整的产业链。对美国的严重依赖使得德国经济失去自主权，面临随时被削弱的风险。

在军事上，德国作为两次世界大战的发起国，被认为是威胁世界安全的危险因素，受到了极端严厉的制裁。为了防止纳粹的死灰复燃，在盟军的主持下彻底解散了国防军和党卫军，取缔一切民兵和准军事组织。第二次世界大战结束后的前10年，德国被禁止发展任何航空工业。美国还曾提出"摩根索计划"，意在使德国彻底非工业化和重新农业化，要求摧毁或拆除德国所有可能用于战争的工厂和设备。这项计划虽然没得以实施，但其彻底改造德国工业的许多措施也在之后得到了落实。不仅如此，第二次世界大战后所构建的欧洲共同体（简称欧共体，现为欧洲联盟）/北大西洋公约组织（简称北约）协防机制使其在军事实力上难以成体系发展。德国在军事上的地位一落千丈，其在政治上也难有任何话语权。

德国意识到自身无法在经济和军事上翻身，但其对科学技术在国家发展中发挥的重要作用具有清醒的认识。作为第二次工业革命的引领者，历届德国政府都将科技水平作为自身崛起的重要支点，因此科技政策具有较强的连贯性。尽管德国的经济基础设施和军工设备被摧毁殆尽，但长期积累的技术能力和高素质人才仍然健在，只要加以合理地利用，就能在科技创新方面形成新的影响力，从而以一种和平的方式实现重新崛起和科技体系的重塑，所缺少的只是一个合理的契机。在 20 世纪 50 年代，当重新成为欧洲经济的"火车头"并加入北约之后，德国将科技触手再一次伸向了其曾经引以为傲的领域——航空航天。

1.4.2 航空航天力量的重建、整合与提升

与美国相似，德国的航空航天工业也是通过大公司统筹发展的。由于波茨坦会议决议，第二次世界大战后德国航空航天工业的一切管理和研究机构均被解散，科研工作全部中断，人员遣散、设备拆迁，航空航天工业完全解体，第二次世界大战中大部分军工企业转而投入民用市场。这也是尤金·桑格尔战后进入法国开展研究工作的主要原因。因此，如何将一盘散沙的科研力量进行整合是德国面临的首要问题。

冷战形势的加剧促使德国在 1955 年 5 月顺利加入北约，捆在身上的枷锁开始逐步松绑，随后开始恢复和发展航空航天工业，实施了从仿制到研制的发展计划，大致可分为 3 个阶段。

第一阶段（1955—1959）——重建。德国从仿制入手，制造了P.149D 活塞式教练机、N.2501D 诺拉特拉斯活塞式教练机、N.2501D 诺拉特拉斯活塞式军用运输机、CM.170"教师"喷气式教练机、"霍克"100/101 飞机。同时，负责维修美式 F-84F、F-86K 等喷气式战斗机。在此期间，尤金·桑格尔回到德国并于 1957 年出任斯图加特推进研究所主任。这一时期，德国航空航天工业的从业人员从 1955 年的不足千人，增加到 1959 年的 12 140 人；总销售额从 1955 年的 220 万马克，增加到 1959 年的 1.4 亿马克。

第二阶段（1960—1970）——整合。航空领域方面，在继续仿制的同时，着手自行研制新机种。与法国合作研制了 C-160A/D"协同"运输机，并自行研制了 VJ-101C 和 VAK-191B 垂直起落战斗机、Do.31 垂直起落运输机等。与此同时，还大力支持航空界扩大民用飞机的研究和生产，FHB-320"汉莎"、Do.28"空中仆人"、BO-105 直升机等获得成功并投产。

航天领域方面，1961 年尤金·桑格尔被聘为容克斯公司的顾问，提出了"桑格尔"Ⅰ号重复使用两级入轨空间运输系统的概念，组建研究团队并主持进行了设计工作。按照设计方案，飞行器两级均采用火箭推进技术，装配最大推力为 490 kN 的液氧/液氢火箭发动机。飞行器在长为 3 km 的水平轨道上以 900 km/h 的速度释放起飞，150 s 内达到 60 km 高空后分离，第一级滑翔返回基地，第二级继续爬升至 300 km 高度的近地轨道。遗憾的是，尤金·桑格尔在 1964 年溘然长逝，年仅 60 岁。这一项目也因技术、经费方面的原因而于 1969 年终止。无论如何，由于研制和生产任务的增加，德国航空航天从业人数快速增长，1963 年达 32 500 人。为了适应新形势的需要和增强航空工业的竞争能力以及克服小公司各自为战、资金和技术力量不足的缺点，德国先后组成了南方发展集团和北方发展集团，到 20 世纪 60 年代末完成了第一次公司大合并，形成以四大公司为骨干的航空工业体系：梅塞施米特 – 伯尔科 – 布洛姆公司（MBB 公司）、多尼尔公司、联合航空技术 – 福克公司（与荷兰合作的跨国公司）和航空发动机公司（MTU 公司）。合并后，这四家公司雇员人数、资本额及生产能力占德国航空工业总数的 95% 以上，实现了对航空航天工业的初步整合。

第三阶段（1971—1986）——提升。到 20 世纪 80 年代中期，德国的航空航天工业生产规模、技术水平、组织管理及设计能力都有较大进步和提高，从业人员从 1970 年的 5.5 万人增加到 1981 年的 7.5 万人，年销售额从 1970 年的 30.64 亿马克增加到 1981 年的 115.18 亿马克。德国航空工业获得了长足的发展，由 20 世纪 70 年代的仿制顺利走向一定范围内的自行研制和生产。德国发展新产品的主要方式是国际合作，先后与英国、意大利、法国、荷兰等国家合作研制了多型飞行器、运载火箭与发动机产品。在电子设备和附件方面，有关公司也采取国际合作以获取技术的方法，逐步走向自行研制，并为国际合作大型项目提供其产品或系统。此后，为了加强德国航空工业在国际上的竞争力，德国将其航空工业进行了很大的调整。戴姆勒·奔驰公司在德国政府的授意下开始对航空航天工业进行整合。1985 年初，戴姆勒·奔驰公司接手 MTU 公司 100% 的股份、多尼尔公司 57.6% 的股份；1986 年接手 AEG 公司大部分股份。1989 年 5 月，MTU、多尼尔和 AEG 公司合并成立了德国宇航公司（DASA），由戴姆勒·奔驰公司控股；同年 8 月，MBB 公司大部分股份被戴姆勒·奔驰公司收购，并合并在 DASA 公司旗下。至此，在德国政府的主导下，由 DASA 公司完成了德国航空航天工业的整合工作。

通过对航空航天力量的重建、整合与提升，德国建立了相对全面的研发体系，并基本具备了独立承担先进航空航天飞行器研发的基础条件，为"桑格尔"Ⅱ计划的实施奠定了坚实基础。

1.4.3　"桑格尔"Ⅱ计划

20 世纪 80 年代，研究人员对未来西欧空间运输系统的需求进行了分析，结果表明大规模航天运输任务时代即将到来。据此预测了 21 世纪西欧对空间运输的需求：无人有效载荷的近地轨道（轨道倾角28.5°）运载能力为 15 t；载人有效载荷的近地轨道（轨道倾角 28.5°）运载能力约为 5 t，轨道器可自主在轨工作 4 天；空天飞行器的发射频率为每年 5～10 次载人飞行任务或 7～14 次不载人飞行任务；21 世纪初乘坐客机跨越太平洋飞行的旅客需求量预计每年将会达到 8 000 万人。对于这样的运输需求，现有的一次性使用运载器和亚声速客机由于运输费用高、效能低而难以满足要求，因此有必要发展经济有效的新型运输工具。

与此同时，与法国、意大利等西欧国家联合开展航天运输系统的模式已经难以满足德国的发展诉求。从"阿丽亚娜 1 号"至"阿丽亚娜 5号"，西欧各国已经形成共同开展航天运输系统研制工作的成熟模式。但是，在具体分工来看，尽管欧洲航天局作为运载火箭的总负责单位，具体则由法国国家空间研究中心负责项目管理，最核心的发动机由法国动力装置公司负责研制和提供，发射场则由法国圭亚那发射中心承包。核心技术主要源自法国最早研制的钻石火箭和英国研制的黑箭火箭，而德国主要从事工业生产、集成装备的相关任务。在科研投入方面，法国基本上维持在 60% 左右，名列第一；德国维持在 17%～19%，名列第二，接近于其他国家经费投入总和。德国的科研投入和承担的任务角色始终不相匹配。

为了提高在航天领域的主导地位，德国于 1987 年提出了国家高超声速技术计划，重启了空天飞行器的研究。在充分考虑了需求和实现可能性之后，德国绕开了单级入轨的技术路线，最终沿用"桑格尔Ⅰ号"

空天飞行器的思路，提出了一种技术风险相对较小、比较现实可行的两级入轨空天飞行器方案（图1.30）。为了纪念德国航天先驱桑格尔，同时与早期的"桑格尔Ⅰ号"空天飞行器加以区别，将这一空天飞行器方案命名为"桑格尔Ⅱ号"空天飞行器（本书是针对"桑格尔Ⅱ号"空天飞行器进行介绍，以下简称"桑格尔"）。

图1.30　"桑格尔"空天飞行器

"桑格尔"方案是一种两级入轨空天飞行器，第一级是一架高超声速运输机，采用吸气式推进系统；第二级分为载人和载货两种，均采用火箭发动机。该飞行器旨在满足西欧对空间运输系统与高超声速客机长远需要，将能够使运输单位有效载荷的费用降低一个数量级。此外，鉴于其第一级的高速巡航能力，可使得欧洲各机场均有望通达任意轨道。

1988—1995年，在"桑格尔"空天飞行器方案的牵引下，德国开展了许多综合性的研究，并突破了多项关键技术。虽然如此，涡轮－冲压发动机和超燃冲压发动机在当时仍存在巨大的技术障碍需要跨越。需要说明的是，德国对于"桑格尔"方案的研究非常务实，该方案本身不是一项专门为飞行器研制的型号工程，而是以一型方案研究为牵引背景的科技专项，这一方案是在德国高超声速科技计划范围内实施开展的。虽然希望将其制造出来并真正投入使用，但更重要的是为了牵引该领域关键技术体系的建立。"桑格尔"计划前后历经8年，德国攻克了大量关键技术。通过对"桑格尔"方案的回顾和分析，能够为我们带来大量的思考和启示，对中国空天飞行器的研究具有巨大的借鉴意义。

本书将在后续章节中，将分别从总体方案、推进系统、气动设计、材料/结构以及技术验证飞行试验 5 个方面对"桑格尔"空天飞行器进行系统介绍,并在第 7 章中对其进行综合分析和评价;最后介绍"桑格尔"方案带来的启示,为空天飞行器的未来发展提供思考。

参考文献

[1]张红文,关成启,佘文学. 空天飞行器——从飞机场到航天港[M]. 北京:北京理工大学出版社,2015.

[2]邢强. V - 2 导弹:现代弹道导弹和运载火箭的鼻祖[J]. 太空探索, 2017,(08):52 - 55.

[3]玉玉. 勒杜克:让冲压发动机由概念变成现实[N]. 中国航天报, 2019 - 11 - 30(003).

[4]萧如珀,杨信男. 1957 年 10 月:苏联发射第一枚人造卫星进入地球轨道[J]. 现代物理知识,2015,27(05):70 - 71.

[5]龚春林,陈兵. 组合循环动力在水平起降天地往返飞行器上的应用[J]. 科技导报,2020,38(12):25 - 32.

[6]凌文辉,侯金丽,韦宝禧. 空天组合动力技术挑战及解决途径的思考[J]. 推进技术,2018,39(10):2171 - 2176.

[7]DENEU F,MALASSIGNE M,LE-COULS O,et al. Promising solutions for fully reusable two-stage-to-orbit configurations[J]. Acta Astronautica, 2005,56(8):729 - 736.

[8]BURCHAM F,NUGENT J. Local flow field around a pylon-mounted dummy ramjet engine on the X - 15 - 2 airplane for Mach numbers from 2. 0 to 6. 7[R]. NASA H - 566,1970.

[9]HARPOLD J C,GRAVES C A. Shuttle program. Shuttle entry guidance[R]. NASA JSC - 14694,1979.

[10]MURPHY K J. X - 33 Hypersonic Aerodynamic Characteristics[J]. Journal of Spacecraft and Rockets,2001,38(5):670 - 683.

[11]SNYDER C D,PINCKNEY S Z. A configuration development strategy for the NASP[C]//AIAA International Aerospace Planes Conference, 1991.

[12]王长青. 空天飞行技术创新与发展展望[J]. 宇航学报,2021,7

（42）:807 - 819.

[13]朱坤,杨铁成,周宁. 从低成本角度探讨航天运载器技术发展路线[J]. 飞航导弹,2021,6:1 - 7.

[14]EUROSPACE. Space:a challenge for Europe[J]. Space Policy,1995,11(4):227 - 232.

[15] DELAHAIS M, NERAUL M. The Hermes system: program status and technology aspects[J]. Acta Astronautica,1991,25(1):11 - 22.

[16] CONCHIE P J. A horizontal take-off and landing satellite launcher or aerospace plane (HOTOL) [J]. Journal of the British Interplanetary Society,1985,38(9):387 - 390.

[17]PARKINSON R C. RADEM:An Air Launched,Rocket Demonstrator for Future Advanced Launch Systems[J]. Acta Astronautica,1995,37:215 - 222.

[18]李旭彦,郑星,薛瑞. 超燃冲压发动机技术发展现状及相关建议[J]. 科技中国,2019(02):5 - 8.

[19]PFEFFER H. Towards reusable launchers-A widening perspective[J]. European Space Agency,1996,(87):58 - 65.

[20] KOELLE D E. Launch cost analyses for reusable space transportation systems(SANGER - Ⅱ)[J]. Acta Astronautica,1989,19(2):191 - 197.

[21] KOELLE D E, KUCZERA H. SANGER - Ⅱ:an advanced launcher system for Europe[J]. Acta Astronautica,1989,19(1):63 - 72.

[22]ZELLNER B,STERR W,HERRMANN O. Integration of Turbo-Expander and Turbo-Ramjet Engines in Hypersonic Vehicles [J]. Journal of Engineering for Gas Turbines and Power,1994,116(1):1 - 9.

[23] HANK J M, FRANKE M E. TSTO reusable launch vehicles using airbreathing propulsion[R]. AIAA 2006 - 4962,2006.

第2章 "桑格尔"研制规划与总体方案

2.1 概　述

20世纪80年代中后期开始，在德国联邦研究与技术部（BMFT）的敦促下，德国航空航天业界重新启动了空天飞行器的研发工作，旨在研发一种低成本、高可靠、灵活便捷的重复使用空间运输系统，以满足欧洲未来空天往返的需要。研究人员对所有可能飞行器方案进行了广泛的论证和研究，确定不同方案对应的飞行器性能特征和预期成果，最终提出"桑格尔"空天飞行器方案。1988年，德国正式启动了国家高超声速技术项目，以"桑格尔"空天飞行器为参考方案，同时以此为牵引，围绕各学科关键技术开展攻关研究，并依托试验飞行器开展技术验证，推动高超声速技术的发展。

2.2　研究工作规划

德国高超声速技术项目以"桑格尔"空天飞行器方案为牵引开展研究工作，于1987年开始开展多方案对比分析，确定总体技术途径，1988年正式启动。按照规划，"桑格尔"空天飞行器在2005年完成研制并投入使用，到时欧洲不仅可以获得一种廉价可靠的轨道运载工具，还能够获得一种可以用于全球快速运输的商用飞机。其载人运载系统（EHTV下面级与HORUS上面级）和无人货运系统（EHTVC下面级与CARGUS上面级）使用成本设想如表2.1所示。

表2.1 "桑格尔"空天飞行器使用成本设想

发射成本	载人运载系统（EHTV/HORUS）		无人货运系统（EHTVC/CARGUS）	
每年发射次数/次	12	30	12	30
运载器续生成本/(MVA·人$^{-1}$·年$^{-1}$)				

续表

发射成本	载人运载系统 （EHTV/HORUS）		无人货运系统 （EHTVC/CARGUS）	
一次使用的 CARGUS 级	—	—	27.10	27.10*
EHTV 每次飞行的分期偿还成本	1.05	1.05	1.05	1.05
HOURUS 每次飞行的分期偿还成本	3.93	3.93	—	—
直接操作成本/（MVA·人$^{-1}$·年$^{-1}$）				
EHTV 整修、维护费	0.19	0.15	0.19	0.15
HORUS 整修、维护费	1.78	1.40	—	—
推进剂费用	0.35	0.30	0.35	0.30
发射与飞行操作费用	3.93	2.62	2.36	1.57
EHTV/HORUS 保险费	1.00	1.00	0.50	0.50
间接操作成本/（MVA·人$^{-1}$·年$^{-1}$）				
计划管理、系统管理、设施、保障、市场、利润等	4.00	2.25	4.00	2.25
每次发射的总成本/（MVA·人$^{-1}$·年$^{-1}$）	16.2	12.7	35.55	32.9

注：＊所代表数值为 6.2（HM60 发动机）、14.0（级系统）和 6.9（设备/整流罩）之和，取的是 H155 级第二批生产第 70～100 个芯级的平均费用。

1988 年，德国联邦研究与技术部正式启动了高超声速技术项目，计划分 3 个阶段围绕"桑格尔"方案全面开展研究工作。各阶段主要研究工作如下：

第一阶段（1988—1992），进行技术方案的深入论证。对整个运输系统的技术方案进行细致的论证，特别是对推进、气动热力学、材料/结构和飞行制导技术进行深入研究。

第二阶段（1993—1999），验证性试验样机的研制与初步试验阶段。此阶段的主要任务是研制缩比样机并完成样机的飞行验证。

第三阶段（原定 2000—2005），全欧合作阶段。此阶段的主要任务是与欧洲其他国家以及俄罗斯展开全面合作，进一步发展所需要的技术，并开始研制全尺寸动力装置。

然而，该项目于 1995 年被迫终止，最终只完成了原定计划的第一阶段以及第二阶段初期工作，主要集中在"桑格尔"方案论证与部分飞行试验的准备工作上。高超声速技术项目实际研究历程如图 2.1 所示。实际上，从 1986 年开始，在德国工业部门的牵引下业界就开展了多方案对比分析，而在 1988 年项目正式启动后，研究工作主要划分为 1a、1b、1c 3 个阶段。

（1）1a 阶段（1988—1990），主要开展"桑格尔"概念方案及其验证飞行器的分析工作，对推进系统进行了初步论证，并开展相应基础研究。1989 年初，形成了"桑格尔"初步设计方案，对其进行审查后，德国科技部部长里森胡伯博士发表演讲，代表 BMFT 首次公开介绍了高超声速技术项目与"桑格尔"方案研究的相关计划和进展。1989 年 5 月，完成了"桑格尔"推进系统的初步设计，并进行了审查。1990 年初，完成了试验飞行器推进系统的概念选择，形成了 Hytex 初步概念方案。

（2）1b 阶段（1991—1992），主要围绕"桑格尔"初步设计方案开展详细的系统设计，并针对推进系统进行了具体方案设计，1992 年完成原计划第一阶段的中期报告。

（3）1c 阶段（1993—1995），主要对"桑格尔"方案进行了优化迭代，同时逐步开始着手相关试验设施建设与准备工作。

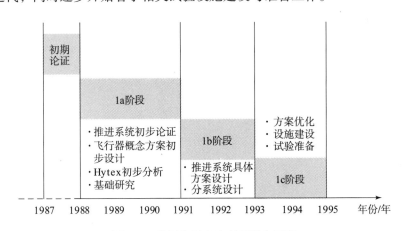

图 2.1 德国高超声速项目研究历程

在"桑格尔"方案研究的过程中，同步开展了相应的理论与技术研究。图 2.2 显示了推进、结构、气动、制导与控制等系统设计中涉及的技术研究任务。在吸气推进技术方面，主要开展了涡轮与冲压发动机原理、发动机模态转换机制、空气冷却器、喷管特性等研究，推动了测试技术的发展，包括高温测量技术、冲压发动机试验设施等。在气动力/热设计技术方面，主要研究了对气动热力学计算方法、两级分离方式等，开发了精确的数值仿真工具以及基于风洞试验的精确测量技术。在材料与结构技术方面，围绕空天飞行器在极高飞行速度下存在的热问题，开展了热材料、热结构、主动冷却等技术研究。针对制导与控制技术，开发了空中数据系统等。

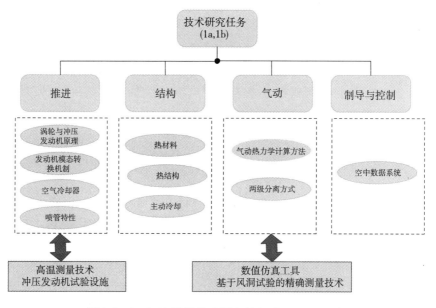

图 2.2　1a 和 1b 阶段技术研究任务（1988—1992）

　　1a 阶段和 1b 阶段的概念和技术研究表明，"桑格尔"概念方案除了一些尚未验证的假设之外，至少在技术上是看似可行的。为了给这个观点奠定坚实的基础，并考虑到某些预算的限制，1c 阶段的工作主要集中在图 2.3 所示的 10 项关键技术问题上。1994 年，项目研制预算大幅缩减，只有以下 4 项项目得以幸存：

　　（1）C2 项目：与俄罗斯合作开展"彩虹" – D2 飞行试验飞行器研究。

　　（2）C5 项目：进气道的设计与开发。

　　（3）C8 项目：冲压发动机燃烧室喷管（包括膨胀斜面）的设计、开发、制造和试验。

　　（4）C10 项目：对装有可更换喷油器的 4 种不同型号的燃烧室进行

设计、开发、制造和试验,在俄罗斯 CIAM 进行连通管试验。

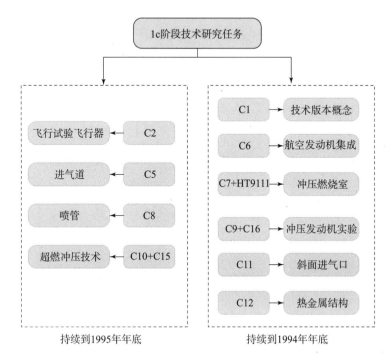

图 2.3 1c 阶段技术研究任务 (1993—1995)

2.3 主要参研单位

2.3.1 研发模式与组织机构

围绕"桑格尔"方案开展的高超声速技术项目是在德国政府领导下,由 BMFT 牵头开展,德国工业界航空航天巨头企业联合承担研制工作,对关键技术开展攻关研究(图 2.4)。此外,为了更好地支撑未来空间运输系统及高超声速基础理论与技术的发展,促进工业界与学术界之间的交流,在德国基金会的资助下,多个大学联合成立了合作研究中心,集合全国的力量围绕高超声速技术领域的基础科学问题开展研究。总体来看,在高超声速技术项目背景下,德国集中了全国的优势力量,由工业部门负责顶层规划和抓总工作,行业内巨头企业以及大学联合参与,形成总体牵头下的协同攻关机制,旨在实现从基础研究、关键技术到集成验证的贯通。需要特别指出的是，合作研究中心的成立在极大程度上便利了学术科研工作的开展，其运行模式将分散的资源和能力有效集中起来，产生协同效应，显著提高了研究效率，其在基础研究方面取得的成果不仅为技术快速突破提供了支撑，也为德国在高超声速领域后来的发展奠定了坚实的基础。

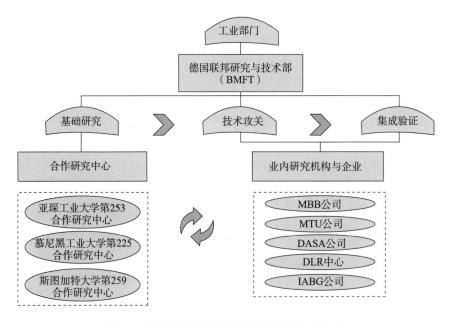

图 2.4 高超声速技术项目研发模式与组织机构

1. 德国联邦研究与技术部

1962 年，德国联邦政府机构调整并建立了德国联邦研究与技术部（BMFT），旨在为之后组织实施相关国家科技计划奠定基础。在 BMFT 的领导下，西德在航天活动方面与欧洲空间局（ESA，现更名为欧洲航天局）、法国空间研究中心（CNES）和美国国家航空航天局（NASA）开展了密切的联系。1986 年，BMFT 用于航天活动的预算达到 8.6 亿西德马克，在如此庞大的资金支持下，其主持及参与的航天活动得到更大拓展，涵盖了卫星通信、航天遥感、空间试验和惯性飞行平台的开发以及未来航天运输系统的探索等多个方面，使西德的航天水平逐步提高并趋于世界前列。其中，以"桑格尔"方案为牵引的高超声速技术项目就属于航天运输系统领域的探索研究。

2. 航空航天领域研究机构与企业

在"桑格尔"方案的牵引下，航空航天领域研究机构与企业主要承担高超声速技术攻关研究与集成验证的任务，主要包括 MTU 公司、MBB 公司、DASA 公司和 IABG 公司以及 DLR 中心等。对于推进、气动、结构等核心技术领域，还围绕一些重要课题成立了专门的技术工作小组，这些技术工作小组成为研究机构、企业以及大学之间合作和经验、信息交流的重要媒介。

MTU 成立于 1934 年，总部位于慕尼黑，被誉为全球第五大航空发动机制造商，业务覆盖全球范围，主要包括美国康涅狄格州洛基山、加拿大卑诗省温哥华、波兰热舒夫和美国得克萨斯州达拉斯等。该公司主要从事商用和军用航空发动机以及工业燃气轮机的设计、开发、生产、销售工作，其核心技术主要在低压涡轮、高压压气机技术、涡轮轮盘以及制造工艺和维修技术。MTU 公司在"桑格尔"方案研究中主要参与了冲压发动机的设计、试验等工作。

MBB 公司正式成立于 1968 年，总部位于德国巴伐利亚，其前身可追溯到德国巴伐利亚飞机制造厂。在第一次世界大战中，巴伐利亚飞机制造厂负责为普鲁士和巴伐利亚制造战斗机。1938 年 7 月，巴伐利亚飞机制造厂重新整合并改名为梅塞施密特股份有限公司，并逐渐壮大成为德国一家著名的飞机制造商。在第二次世界大战中，梅塞施密特股份有限公司成为德国空军最主要的飞机供应商，所提供的飞机包括著名的 BF-109 战斗机、BF-110 战斗机等，这些飞机都成了德国空中力量的主干。当战事进行到后半部分的时候，梅塞施密特股份有限公司转而研发喷气发动机为动力的飞行器，并研发出史上第一架服役的喷气式战斗机——Me-262。第二次世界大战结束后该公司被禁止制造航空器，转而生产迷你车 KR175/KR200 系列。直到 1968 年，梅塞施密特股份有限公司才重回航空界，与一家民用航空公司伯尔科合并，更名为梅塞施密特-伯尔科。同年 5 月，该公司又买下汉堡飞机制造厂（HFB），布洛姆-福斯的航空部门，再次更名为梅塞施密特-伯尔科-布洛姆公司，即 MBB 公司。MBB 公司作为一家综合性的航空公司，在"桑格尔"方案的推进系统、气动力/热以及结构方案研究中均有所参与。

DASA 公司成立于 1989 年，总部位于德国科隆。1987 年，当时的戴姆勒·奔驰公司受德国政府委托对国内航空航天工业公司进行整合，并于 1989 年组建了 DASA 公司，旗下包括 MTU、多尼尔和 AEG 公司，1992 年进一步并购了德律风根系统技术公司（TST）和 MBB 公司。DASA 控制了当时德国航空航天业绝大部分的骨干企业和专业技术能力，成为欧洲第一、世界第四的航空航天制造企业。1999 年底，DASA 与法国宇航马特拉公司（Aerospatiale Matra）、西班牙的航空制造公司（CASA）宣布合并，组成了欧洲航空防御和空间公司（EADS）。随着以 DASA 公司为核心的德国航空航天工业力量整合进程的推进，DASA 公司逐渐接管了"桑格尔"方案绝大多数的研究工作，在项目后期成为研究工作的主要承担单位。

德国航空航天中心（DLR）成立于 1965 年，总部位于德国科隆，该中心有 29 个机构和设施，分支机构在德国柏林、波恩、布伦瑞克、不来梅等 13 个地区，并在布鲁塞尔、巴黎、华盛顿也设有办公室。DLR 研究内容非常广泛，包括航空、航天、能源、运输和安全等领域。除了进行自己的研究项目外，还负责协调和研究一些德国联邦各部资助的项目，与许多德国国内或国际的单位建立联系并合作开展相关科学研究。在"桑格尔"方案研究中，DLR 牵头与瑞典航空研究所（FFA）开展了高超声速流动机理方面的联合研究。

德国工业设备公司（IABG）成立于 1961 年，位于慕尼黑附近的奥托布隆，是一家由德国航天工业协会和国防部共同出资成立的动力分析与检测公司。IABG 公司的空间试验中心是欧洲 3 个空间试验中心之一，具备精良的空间模拟试验设备，主要从事空间模拟、振动和冲击试验、声学试验、模态测量、电磁相容性测量、磁环境模拟等方面的工作，此外还提供检测质量特性、离心试验和校准等辅助设施。在"桑格尔"方案研究中，IABG 公司主要承担了相关测试工作，并提供必要的辅助设施。

3. 合作研究中心

高超声速技术在当时属于十分前沿的研究领域，人们对其处于摸索状态，且其学科交叉耦合严重，因此基础研究十分必要。为了掌握高超声速技术领域面临的共性规律和核心基础科学问题，1989 年成立了合作研究中心，设立了亚琛工业大学第 253 合作研究中心、慕尼黑工业大学第 225 合作研究中心、斯图加特大学第 259 合作研究中心 3 个中心。其中，亚琛工业大学第 253 合作研究中心负责空天飞行器的基础设计研究；慕尼黑工业大学第 225 合作研究中心负责跨大气层飞行系统的设计技术；斯图加特大学第 259 合作研究中心负责解决重复使用空间运输系统的高温问题。合作研究中心针对包括"桑格尔"空天飞行器在内的空天飞行器方案开展了规律性分析，并针对关键基础攻关中所涉及的基础科学问题开展了深入研究，涉及总体设计、空气动力学、热力学、飞行力学、推进、材料和结构等各个领域。

合作研究中心围绕以下三原则开展研究工作：

（1）各合作研究中心分别提出自己独立的研究计划，构成互补关系，即使其他研究中心失败，也能保证自己的研究取得成果；作为总体研究课题的一部分，每项研究计划都应确定自身的研究重点。

（2）各研究中心相互通报正在进行和计划进行的工作，共同构建有关空气和燃烧气体的数据库，共同建立大型研究设施；共享试验布局和模型，并使用相同或类似的模型。

（3）定期举办联合研讨会和专题讨论会，便于各合作研究中心的成员之间交流经验和成果，并推动与其他大学、研究机构以及工业企业的合作；针对具体课题成立专项小组进行集中的技术攻关，并在科学会议上联合展示研究成果。

为了更好地管理合作研究中心，充分发挥其作用，成立了一个指导委员会。指导委员会由 3 个合作研究中心的发言人组成，每年举行几次会议，主要负责以下活动：

（1）未来研究计划的战略规划；

（2）协调各合作研究中心的主要研究活动；

（3）制定各研究中心之间以及与外部研究机构和业界伙伴合作的原则和目标；

（4）筹划展示与交流研究成果的联合活动；

（5）筹划为学生、工程师和科学家举行联合教育活动。

合作研究中心成立后积极参与德国 BMFT 的高超声速技术项目的研究，为"桑格尔"方案的研制提供了大量的基础理论与技术支撑。在此期间，合作研究中心与工业界及一些非大学研究机构在工作层面上也开展了诸多合作，包括以项目组为单位的合作以及专家之间的个人合作。工业界向合作研究中心提供经费及数据支持，而合作研究中心基于这些支持开展构型、数值方法、发动机等课题的基础理论与技术研究，向工业界提供项目所需要的算法和软件工具等，双方均获益匪浅。

合作研究中心的成立使原来分散的力量更为集中，其作为一个整体在国际上有了更大的知名度，在多方面均得到了世界各国的认可，为国际合作奠定基础。欧洲其他国家、美国和日本多次邀请德国合作研究中心就高超声速研究进行技术介绍，德国与其他国家也会定期联合举办国际科学大会，组织相关技术研讨。此外，合作研究中心还开展了相当多的国际教育教学活动。大量的外国学生到合作研究中心进行毕业论文的撰写工作，国外许多知名学者或青年科学家也到合作研究中心进行访问和交流。这些在国际层面开展的教育教学活动不仅极大提高了外国科研人员对空天课程的兴趣，也进一步提高了合作研究中心的国际知名度。

2.3.2　国际合作

德国认识到，一种先进空间运输系统的研发和制造不可能由一个国家单独完成，国际合作势在必行。因此，德国高超声速技术项目从确立之初就定下了与欧洲合作伙伴，尤其是与欧空局成员国共同进行研究的目标。"桑格尔"方案公布后，立刻在世界范围内引起了积极响应，许多国家和公司都表示了合作的兴趣，不仅包括欧洲各国，还包括其他国家如日本、澳大利亚等。此后，德国专门就国际合作组织了一场研讨会，受到世界各国的广泛关注，来自 10 个欧洲国家和 2 个其他地区国家的业界代表参加了研讨，在瑞典、俄罗斯等国之间达成多项正式协议。此后，法国、奥地利、比利时、意大利、西班牙、日本等国家的相关研究机构在无正式政府协议的情况下，也积极参加了多项技术研究。参与国际合作的国外机构主要有瑞典国家航空研究所（FFA）、瑞典飞机有限公司（SAAB）、瑞典皇家理工学院（KTH）、俄罗斯中央航空发动机研究院（CIAM）、俄罗斯中央气体流体动力学研究院（TSAGI）、法国宇航公司（Aerospatiale）、奥地利攀时公司（PLANSEE）等，覆盖了推进系统、气动力学、飞行控制、飞行试验等多个领域（图 2.5）。

FFA 成立于 1940 年，隶属于瑞典国防部，位于斯德哥尔摩的乌尔夫桑达工业园区内。FFA 的主要任务是促进瑞典航空技术的发展，致力

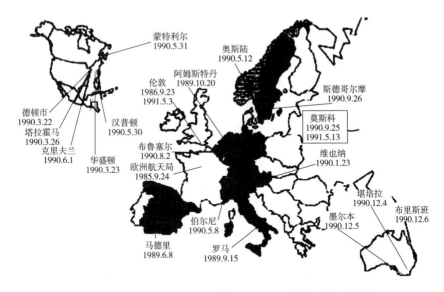

图 2.5 高超声速技术项目中所开展的国际合作机构所在城市

于航空领域研发和试验方面的工作，重点在飞机和导弹设计相关的空气动力学，对当时瑞典国家航空航天的发展做出了巨大贡献。

SAAB 成立于 1937 年，位于瑞典林雪平（Linköping），致力于开发和制造战斗机。在成立后的十余年时间里，SAAB 公司研发并制造了多个型号的战斗机，成为瑞典空军战斗能力的主要来源，在其产品的带动下，瑞典空军成为当时世界上最强大的空军之一。

KTH 成立于 1827 年，位于瑞典首都斯德哥尔摩，从事工程技术领域的研究和教育。KTH 是瑞典最古老、规模最大的理工院校，也是欧洲历史最悠久的理工院校之一，其在航空航天建模、分析和设计，系统工程方面具有深厚的理论基础，一直是欧洲培养创新和科技人才的主要中心之一。

CIAM 成立于 1930 年，位于莫斯科，由苏联中央空气流体动力研究院的螺旋桨发动机部和苏联中央汽车–内燃机科学研究院的航空部合并而成，隶属于苏联航空工业部。CIAM 由院本部和试验研究基地组成，主要从事军、民用发动机的基础理论和民用技术研究，工程发展及国家鉴定实验，代表国家对新型号发动机发放许可证，是苏联各航空发动机设计局、各发动机生产厂和使用单位的主要技术后方和试验基地。CIAM 是苏联/俄罗斯航空发动机领域最具权威的综合性、系统性研究机构，该研究院是俄罗斯唯一拥有从航空发动机研制到产品科技维护全方面能力的企业。

TSAGI 成立于 1981 年，位于茹科夫斯基市，是苏联主要的航空研究中心，被西方誉为"东欧的 NASA"。TSAGI 主要任务是从事航空技术的基础和应用研究，并担负苏联飞机、导弹发展远景的研究工作和参与一些重要型号的研制与试验工作，促进各技术部有关气体和流体动力学领域内的实际应用问题的研究与发展，进一步在院内外采用已取得的科研成果，向设计部门提供经过风洞验证的试验数据，协助解决有关企业在气体和流体动力学研究及应用中所产生的问题。

俄罗斯彩虹机械制造设计局成立于 20 世纪 40 年代，初期是苏联政府为了解决战术导弹设计中空气动力、材料、发动机等技术问题而设立的，目前位于莫斯科近郊杜布纳。彩虹机械制造设计局是主要从事战术空面导弹与巡航导弹的专门研制机构，同时将提高飞行器速度作为其科研的重要方向，其在 20 世纪 80 年代提出了"彩虹"-D2 高超声速飞行试验平台，并完成了百余次飞行，在超/高超声速技术方面积累了大量的研究经验。

法国宇航公司成立于 1970 年，总部位于巴黎，是法国宇航工业最大的公司，由南方飞机制造公司、北方飞机制造公司和弹道导弹研究制造公司合并组成。法国宇航公司下设飞机、直升机、战术导弹和空间系统 4 个工业部门和 1 个技术中心，共有 14 个工厂。各工厂的地理分布比较分散，相对集中的地区是巴黎附近、法国西部和南部。法国宇航公司的产品从轻型旅游飞机到大型运输机，从轻型直升机到双发重型直升机，从步兵反坦克导弹到战略导弹，从卫星到运载火箭，产品中相当一部分出口，是欧洲第二大航空航天公司。

PLANSEE 公司成立于 1921 年，位于罗伊特（Reutte）。PLANSEE 公司主要从事粉末冶金，钼和钨材料的生产以及把它们加工成部件和模压件，在粉末冶金和难熔金属的制造和加工方面被认为是全球市场的领导者，具有难以撼动的地位。该公司涉及领域包括消费电子、汽车行业、机械工程、建筑行业、能源工程、医疗技术、半导体行业和航空航天，而其在在航空航天领域主要生产结构部件，包括控制喷嘴、喷气舵、药型罩、屏蔽器、配重、弹药（穿甲弹、散弹）等。

在高超声速技术项目的整个研究过程中，德国开展了极为广泛的国际合作研究，为这一项目所开展的如此大规模的开放合作，在欧洲尚属于首例，此前这类活动基本都是在相互竞争的状态下开展的。这些国际合作在极大程度上推动了德国在整个高超声速技术领域的迅速发展，同时也大大提升了德国在该技术领域的国际影响力，为未来的国际合作开辟了新的道路。

2.4 总体方案

2.4.1 技术途径分析

德国在 1987 年正式启动高超声速技术项目之前，就针对可能的技术途径进行了广泛的分析和论证。当时对于空间运输系统的定位是为了满足欧洲载人和货运入轨方面的需求。据此，研究团队主要从入轨级数、动力形式、级间分离窗口 3 个方面开展了多方案对比，在进行了为期一年的多方案对比与分析后，初步确定了基本技术途径。

1. 入轨级数的选择

20 世纪中期，尽管国际上对于重复使用空天飞行器的相关研究计划已经初步铺开，但对于飞行器到底应该单级入轨还是两级入轨，业界一直存在争论。单级入轨是指使用一级飞行器将载荷直接送入太空的预定轨道。两级入轨是指飞行器由两级构成，在低速阶段由一子级工作，将二子级运载至一定的高度，并具备一定的初始速度，满足条件时两级分离，一子级直接返回，二子级继续加速爬升，直至将载荷送入预定轨道。

德国从运载能力、成本以及设计难度 3 个方面对单级入轨和两级入轨方案进行了细致的对比分析：

（1）运载能力对比。单级入轨飞行器需要携带全部干重进入轨道，大量能量浪费在投送无用质量上，因此载荷系数很不理想，通常为 1% ~ 2%。对于两级入轨系统来说，大部分干重在前段即可返回，相同起飞质量下具有更高的运力，因此载荷系数能得到大幅提高。因此，从运载能力的角度考虑，采用两级入轨方案更具优势。

（2）成本对比。单级入轨方案仅需开发和最终运行一种飞行器，可将全部发射部件直接回收，其开发、制造和运营（翻新和维护基础设施）成本较低，有效载荷价格也相应降低。两级入轨方案完成任务后从系统中分离并返回地面，虽然可以减少燃料消耗量并降低发射成本，但需要设计、制造和最终运行两个自主飞行器，这将导致更高的开发和运营成本。因此，单级入轨与两级入轨相比具有更低的成本。

（3）设计难度对比。对于单级入轨方案，需要由一级飞行器完成水平起飞、加速爬升、在轨运行、再入返回以及水平降落，所有系统部件都需要送入轨道并返回地球，与两级入轨飞行器相比需要兼顾更宽速域、更大空域的设计需求，设计上的难度显著增大。一方面要求发动机实现超宽速域下的稳定燃烧和良好性能，气动外形实现全速域下的高升阻比设计，在加速上升段为了减小阻力要求飞行器具有尖锐的外形，而在再入返回段为了减小再入的热流要求飞行器具有相对圆钝的外形，设计矛盾更加突出；另一方面也将受到更强的约束，如在大气层内为了避免静不稳定要求飞行器质心在焦点之前，在大气层外要求质心尽量接近推力轴心等。对于两级入轨方案，两级飞行器共同承担飞行剖面，与单级入轨相比速域和空域相对较窄，设计难度大幅降低，工程上更易实现。

综合来看，单级入轨方案具有更低的成本，但这一成本优势是以复杂度的显著增加为代价的，这意味着对干质量、推进性能提出了极高的要求。为了解决这一问题，需要采用大量的新技术，但较低的技术成熟度将带来巨大的设计挑战和开发风险，甚至在开发的后期阶段还会危及整个计划。在试图平衡所要求的复杂度和总体效益时，将对载荷能力和总体性能造成不利影响。与单级入轨相比，两级入轨设计难度大大降低，在运送相同载荷的情况下对一子级和二子级干质量和推进性能的要求显著减小。虽然在空气动力学、飞行力学和动力学方面，级间集成和分离可能会引发额外的问题，但通过适当的分级构型，可以利用较低的技术水平降低这种问题产生的风险。

根据航天飞机的经验，当时美国的空间运输研究大多倾向于采用单级入轨概念，以降低进入太空的成本。与美国不同的是，德国则认为单级入轨系统虽然具有诸多优势，是人类实现自由天地往返的终极目标，但其需要较高的技术水平才能完成，且存在运行风险。就当时已经具备和短期可预见的技术水平而言，单级入轨飞行器还不具备开始研制的条件,应率先开展两级入轨飞行器的研究工作。认识到这一点后,德国迅速调整方向,最终决定采用完全或部分重复使用的两级入轨方案。

2. 动力形式的选择

德国出于对可重复使用性、经济性和可操作性的考虑,初步确定了一子级采用吸气式推进、二子级采用常规火箭动力的基本方案。与火箭动力相比,吸气式推进虽然在一定程度上增加了一子级的干质量,但其不需要携带大量的氧化剂,高比冲所带来的燃料节省将提供更大的收益,从而可获得较高的运载效率。此外,采用吸气式推进可实现水平起飞,对基础设施的要求相对较低,提供飞机起降的各个机场即可满足起飞要求,可形成快速、便捷的发射能力。不仅如此,具备水平起降的一子级也可进一步转化为超声速飞机,提供货运或客运服务。对于二子级,由于吸气式发动机温度将随马赫数的增加而急剧上升,并且在两级分离高度之上空气已经较为稀薄,吸气推进性能大大下降,故采用常规火箭发动机设计,从而降低设计风险。

选择一种合适的吸气式推进系统,将组合体加速至一定马赫数直至两级分离,是需要解决的核心问题,这意味着需要在各种备选方案中进行大量的权衡。1986 年左右,业界针对一子级/超声速飞机所有可能的动力形式开展了广泛的讨论,确定其性能和可能达到的效果。在此期间,最终形成了 4 种主要的参考方案,并分别成立了相应的研究小组开展专题研究。4 种参考方案的主要参数如表 2.2 所示。

表 2.2　4 种参考方案的主要参数

编号	马赫数	高度/km	推进系统	燃料
1	2.2	17~20	涡扇变循环发动机（VCE）	煤油
2	3	30	涡轮喷气变循环发动机（VCE）	煤油
3	5	33	空气涡轮火箭发动机（ATR）	液氢/液态甲烷
4	12	50	空气涡轮火箭发动机（ATR）+ 冲压发动机	液氢

涡扇/涡轮喷气变循环发动机（VCE）基于传统涡扇/涡轮发动机,通过变几何调节实现较宽域范围内的高效燃烧,但工作马赫数最高只能到 $Ma3$。采用这两种动力方案的飞行器作为超声速飞机具有一定的使用

价值，但作为空间运输系统的一子级难以满足高运载效率下的能量需求。单一循环发动机难以满足宽速域的工作要求，为了覆盖更大的速域范围，提出了组合式发动机循环类型。一种是空气涡轮火箭发动机（ATR），最大工作马赫数可达到 $Ma5$；另一种是在 ATR 的基础上增加冲压动力循环，最大工作马赫数可达到 $Ma12$。然而，就当时的技术水平而言，4 号参考方案飞行马赫数高达 $Ma12$，随着在大气中飞行次数的增加，技术问题导致的飞行风险也会迅速增大。因此，经过综合考虑，业界认为 $Ma5$ 基本可满足军用、民用以及空间运输的需要，同时具有较低的技术风险，3 号参考方案成为未来最有吸引力的方案。

1987 年，高超声速技术项目正式启动后，针对"桑格尔"方案动力类型开展深入论证，明确了通过采用组合循环式发动机，保证不同马赫数下发动机均可具备最优的性能。不同动力类型比冲量随马赫数的变化曲线如图 2.6 所示，应尽量选取其上包络，从而在整个速域上都获得最高的比冲性能。通过对比发现，前期论证提出的 ATR 并非最为经济的吸气式组合发动机。$Ma0 \sim 3.5$ 阶段涡轮发动机比冲量最高，通过增加预冷装置这一优势甚至可以扩展至 $Ma4$；$Ma4$ 之后，亚燃冲压发动机

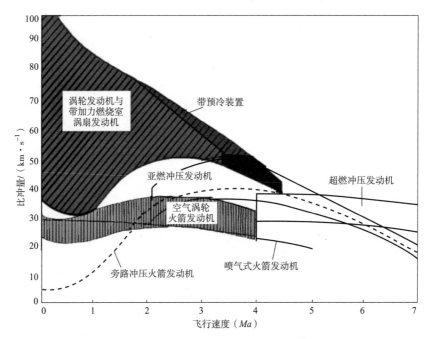

图 2.6　不同动力类型比冲量随马赫数的变化曲线

和超燃冲压发动机具有相对较高的比冲量,冲压发动机的极限工作为 $Ma7$,超燃冲压发动机的工作马赫数可高达 $Ma12$。然而,考虑到当时吸气式发动机受限于亚声速下燃烧,无法实现超声速燃烧,虽然理论上超燃冲压发动机的潜力非常诱人,但却无法从技术上对其加以验证,因此超燃冲压发动机被排除在外。最终,决定采用涡轮冲压组合循环式(TBCC)发动机作为"桑格尔"方案的动力形式。

从 1988 年开始,为了覆盖各种潜在的推进系统方案,围绕 TBCC 发动机开展了多种方案研究,分别选取涡轮喷气、涡扇和涡轮扩展机 3 种发动机作为 TBCC 中的涡轮循环部分,每种循环类型对应 2 个变体,共形成了 6 个备选方案。经过长达两年的分析和评估,1990 年 2 月,带同轴内流道的一体化涡轮/冲压发动机被选定为"桑格尔"推进系统的基本方案。

对于 TBCC 发动机模态转换马赫数的选择,虽然通过增加预冷装置涡轮发动机在 $Ma3.5 \sim 4$ 可获得高于冲压发动机的比冲量,在 $Ma4$ 进行模态转换可获得整个速域上最高的比冲量,但预冷装置将同时带来复杂度以及设计难度的上升。因此,最终选择 $Ma3.5$ 进行涡轮模态向冲压模态的转换。

3. 级间分离窗口的选择

两级分离速度界定了两级飞行器的系统特征,如推进、材料与结构、飞行器尺寸、质量等,从而将直接影响方案的深入论证以及设计风险和成本。因此,需要首先确定最优分离窗口。

不同级间分离速度对复杂度和设计风险的影响如图 2.7 所示。分离速度越高,对一子级的要求越高,将增加其复杂度和设计风险,而对二子级要求则越低,复杂性与设计风险趋于降低。为了选择最优的级间分离速度,需要综合考虑最大有效载荷、两级各自的推进系统、最优的起飞总质量,进行大量折中权衡,最终分离速度需要由总体系统优化而确定。

从能量层面,级间分离速度系统设计最优是指,在指定的任务要求下,以最低的相对起飞总质量(GTOM)实现有效载荷的交付。然而,考虑到开发和运营成本等其他方面的影响,也可能会造成这一最优值的转移。图 2.8 给出了不同级间分离速度下的起飞总质量,这是选择最佳

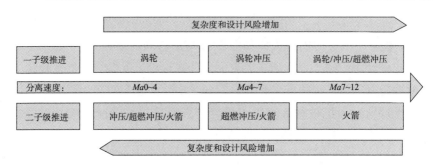

图 2.7　不同级间分离速度对复杂度和设计风险的影响

级间分离速度的主要依据。由图可知，在 $Ma6.5$ 左右时，整个系统的起飞总质量达到最小，这意味着在能量层面达到最优。在 $Ma7$ 时，将达到亚声速冲压燃烧的极限，也接近发动机热力学结构设计可承受的极限。因此，当分离速度提高到 $Ma7$ 或者更高时，则需要用超燃冲压或者冲压火箭发动机来提供足够的净推力，更重要的是还需要配置额外的热防护系统，这将增加约整体结构 10% 的质量。因此，级间分离速度应设置在 $Ma6.5$ 左右，最高不应超过 $Ma7$。经过综合考虑，兼顾二子级的性能需求，最终将级间分离速度设置为 $Ma6.8$。

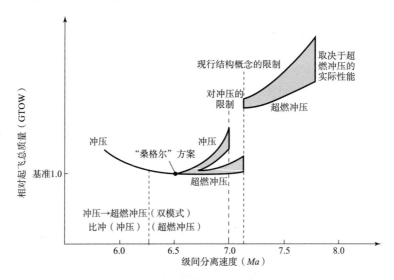

图 2.8　不同级间分离速度下的相对起飞总质量

对于级间分离高度，主要由分离动压决定。级间分离采用机械分离的方式，整个分离过程需要在较低的动压下完成，从而降低对机构设计要求,并保证分离安全性和可靠性。分离动压最终被设置为 30 kPa,则分离高度约为 31 km。

2.4.2 需求分析

"桑格尔"空间运输系统的初衷是为了满足欧洲在载人和货运入轨方面的需求,实现自由空天往返飞行。"桑格尔"空天飞行器主要瞄准两类任务需求。第一类任务是载人或货运航天运输,如图 2.9 所示。其主要的任务目标就是为"自由"号空间站完成人员运输和货物补给,"自由"号空间站是国际空间站的前身,设计之初的飞行轨道倾角是28.5°,星下点轨迹主要处于非洲大陆区域。因此,如果在欧洲本土机场水平起飞,就需要"桑格尔"空天飞行器在大气层内巡航飞行,从而调整航迹,为分离后的二子级进入"自由"号空间站运行轨道创造窗口条件。第二类任务是远程运输。"桑格尔"空天飞行器设计之初的另一个目标是作为取代"协和"号的下一代超声速客机。由此可知,"桑格尔"空天飞行器的设计目的并不简单的是航天运输,其一子级飞行剖面与火箭相比,在创造更多灵活应用的同时也更为复杂,如图2.10 所示。

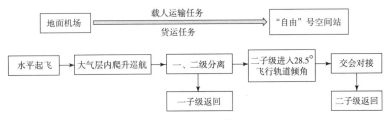

图 2.9 "桑格尔"空天飞行器的空天运输任务

图 2.10 "桑格尔"空天飞行器想象图

　　技术人员首先对"桑格尔"空天飞行器的载荷能力需求进行了分析，以此牵引总体方案的论证工作。对于载人任务，根据宇航员数量及其在空间站或在轨停留时间，评估了"桑格尔"系统的有效载荷能力需求，如图 2.11 所示。假设 2 个月执行一次飞行任务，那么 3 人在空间站需要约 3.3 t 的有效载荷。对于货运任务，为满足人造卫星等各类航天器的发射需求"桑格尔"系统需要具备将约 7.5 t 有效载荷送入 200 km 近地轨道的能力；具备向 28.5°/460 km 轨道运送 6 t 有效载荷的能力；通过轨道转移器可最终将 2.3 t 有效载荷送入地球同步轨道。1987 年经过论证，"桑格尔"空天飞行器的运载能力（表 2.3）初步确定。

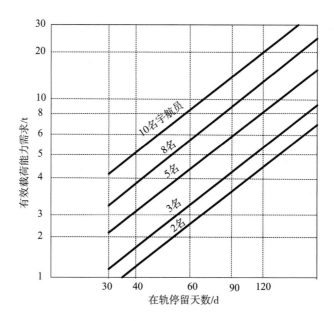

图 2.11　"桑格尔"系统的有效载荷能力需求

表 2.3　"桑格尔"空天飞行器的运载能力

任务类型	飞行任务	有效载荷能力需求/t
载人	向 28.5°/460 km 轨道空间站运送人员与供应品	2~4
货运	向 200 km 近地轨道运送有效载荷	7.5
	向 28.5°/460 km 轨道运送有效载荷	6
	向 36 000 km 地球同步转移轨道运送有效载荷	2.3

为了应对载人和货运两种任务需求，"桑格尔"系统具有两种二子级，其概念飞行器如图 2.12 所示。一子级为吸气式高超声速飞行器（EHTV），设计使用寿命为 100 次。二子级分为载人运载系统和无人货运系统两种方案。载人运载系统（HORUS - M）用于运送人员和少量货物，配备了一个加压舱和一个对接端口，使用寿命为 50 次；无人货运系统根据重复使用需求不同，先后论证形成了一次性使用弹道级无人货运系统（CARGUS），以及可重复使用的有翼型无人货运系统（HORUS - C），设置有一个货舱用于放置和回收有效载荷。对于这两种二子级，在不考虑轨道运行、只考虑运输任务的情况下，在轨任务持续时间不少于 2 天。

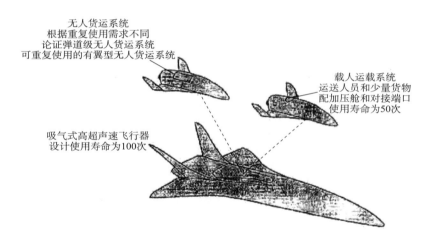

图 2.12 "桑格尔"概念飞行器

图 2.13 所示为基于当时欧洲整个空间运输系统的未来构想。"桑格尔"系统的一子级 EHTV 可同时作为欧洲高超声速客机，作为未来替代"协和"号飞机的后继飞行器。二子级是基于法国"使神"号滑翔机所采用的"阿丽亚娜 5 号"火箭改进形成的小尺寸火箭动力飞行器，形成载人和货运两种发射系统。每年用两套飞行器可完成 40 次发射，全面覆盖欧洲未来空间运输需要。

"桑格尔"系统需要从欧洲大陆发射，由于欧洲大陆的纬度限制，"桑格尔"系统必须要具备一定巡航能力，才能满足大多数空间任务的需要。其中，若要实现从欧洲大陆各个着陆点均可直接进入北纬 28.5°的空间站轨道平面的目标，飞行器至少需要有 3 500 km（正南方）的

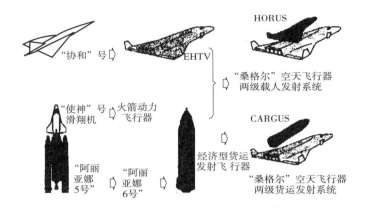

图 2.13 欧洲整个空间运输系统的未来构想

巡航能力,相当于地理纬度改变 35°。由此,确定了"桑格尔"空天飞行器一子级的巡航能力为 3 100 km,二子级的巡航能力为 2 500 km。鉴于这一巡航能力,"桑格尔"系统从欧洲各机场起飞均可望抵达任意轨道。"桑格尔"系统常规任务剖面如图 2.14 所示。此外,"桑格尔"空

图 2.14 "桑格尔"系统常规任务剖面

天飞行器需要在欧洲现有普通机场就可以进行起飞和降落，无需其他特殊发射辅助装置（如推车等），并具有较强的系统弹性，能够承受频繁发射和发射延迟，对发射窗口不太敏感。

受美国"挑战者"号航天飞机事故频发的影响，研究人员认识到需要充分考虑飞行器所有可能发生的技术故障，对于飞行过程中突发的故障要尽量降低飞行器的风险，确保两级在任何飞行阶段都可以中止任务，并可以保证机组人员安全返回以及回收载荷。对此，研究人员对两级分离前组合体以及分离后的每级飞行器的任务中止策略进行了广泛的论证。图 2.15 展示了从地面起飞到入轨整个上升阶段飞行剖面中几项主要的任务中止应急策略。

（1）级间分离之前的任务中止："桑格尔"组合体将返回发射场。

（2）级间分离过程中的任务中止：若二子级无法释放，组合体返回发射或在燃料全部消耗后（如主发动机熄火）在紧急着陆点着陆。

（3）级间分离之后的任务中止：二子级飞往紧急着陆点。

（4）临入轨之前的任务中止：二子级飞往一个合适的轨道，并中止任务，等待救援。

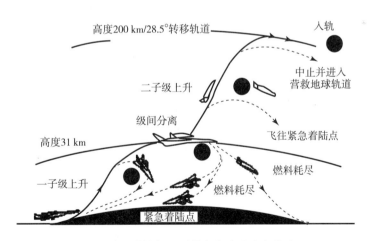

图 2.15 "桑格尔"系统任务中止应急策略

2.4.3 飞行剖面

"桑格尔"空天飞行器飞行剖面如图 2.16 所示，主要包括以下几个阶段：

（1）利用欧洲现有的机场起降，依靠涡轮喷气发动机的最大净推力起飞并加速爬升到 10 km 高度，飞行速度达到 $Ma0.9$；

（2）在恒定 10 km 的高度上，飞行器依靠涡轮喷气发动机加力燃烧室最大从飞行速度 $Ma0.9$ 加速至飞行速度 $Ma1.6$，跨过音障；

（3）飞行器飞行到 19.5 km 的高度，此时飞行速度达到 $Ma3.5$，在此状态下进行发动机由涡轮模态转换至冲压模态；

（4）飞行器依靠冲压喷气发动机的推力加速飞行，当飞行速度达到 $Ma4.5$ 时，以此速度匀速爬高穿过敏感臭氧层，达到 25 km 的高度；

（5）飞行器以飞行速度 $Ma4.5$、高度 25 km 的状态进行超声速巡航，进入目标轨道面；

（6）飞行器继续靠冲压发动机的推力加速爬升至飞行速度 $Ma6.8$、高度为 31 km 的级间分离点；

（7）飞行器在这一状态完成级间分离，一子级启动返航机动程序飞回发射场，二子级以火箭动力继续加速爬升至高度 200 km，达到所需要的轨道速度 7 900 m/s。

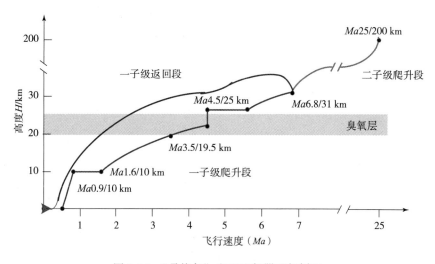

图 2.16　"桑格尔"空天飞行器飞行剖面

级间分离是"桑格尔"系统任务成败的关键因素，要实现两极之间的平稳分离，需要满足以下条件：

（1）在分离过程中，飞行速度始终保持在 $Ma6.8$ 的水平，而最大飞行高度不低于 31 km；

（2）在分离之前组合体达到一个较大的爬升角，此时二子级与一子级的相对攻角为 5°；

（3）此后，以近似抛物线的轨迹继续爬升，最终在攻角接近 0°、法向过载为 0 的条件下进行级间分离；

（4）在二子级释放完毕后，由于质量大幅减轻，应尽量避免一子级突然上升，将上升距离控制在一定范围内，以避免发生两级飞行器碰撞或一子级失控等危险。

图 2.17 所示为"桑格尔"空天飞行器在上升和级间分离及之后的攻角和滚转角的控制条件。

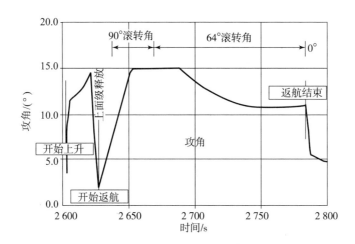

图 2.17 "桑格尔"空天飞行器分离过程中的攻角和滚转角的控制条件

"桑格尔"空天飞行器级间分离过程如图 2.18 所示，其主要阶段以及各阶段可能存在的问题如下：

（1）二子级两台轨道机动系统（OMS）发动机同时点火，单台最大推力为 50 kN，在此过程中需要注意纵向转矩和废气对一子级的影响。

（2）二子级机械抬升角达到 8°，二子级和一子级间隙内的高压将造成很大的气动阻力，这可能会导致在二子级释放之后产生转动问题。若攻角增大时转动控制不当，将会导致二子级的后部向下转动，增加与一子级相撞的风险（图 2.19）。

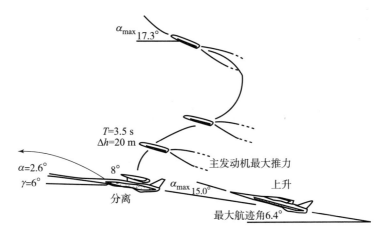

图 2.18 "桑格尔"空天飞行器级间分离过程

（3）二子级主火箭发动机点火，推力限制在其标准推力的 10%，该阶段可能出现的问题与第一阶段相同。

（4）二子级的机械释放对两级均会造成气动干扰，因此二子级释放之后的主要任务就是使两级飞行器尽快分开一定距离。

（5）3.5~5 s 之后，二子级的主火箭发动机增大推力至标准推力，若主火箭发动机出现任何问题，空天飞行器将立刻中止飞行任务并执行紧急着陆。

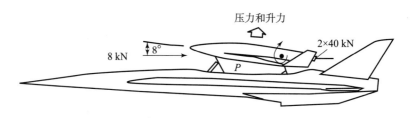

图 2.19 "桑格尔"空天飞行器级间分离前的机械抬升

2.4.4 一子级方案

"桑格尔"一子级空天飞行器与未来的高超声速客机具有较多共性，一旦 21 世纪出现高超声速客机的需求，则可按相同型号和大小的飞行器进行管理。因此，"桑格尔"空天飞行器总体方案的初始论证，是以一子级实现与高超声速客机之间的最大通用性这一要求为基础进行的，飞机航程在 10 000 km 以上，可以搭载约 250 名乘客，从法兰克福到洛杉矶只需要 3.25 h。

基于这一准则，1987 年 5 月形成了一子级总体方案，并同时给出了相应高超声速客机状态的配套方案。1987 年 12 月，对"桑格尔"一子级空天飞行器又进行了新一轮的优化设计，这一方案成为 1b 阶段进行进一步详细分析和组件设计的基准。两轮设计总体技术参数如表 2.4 所示。优化后的方案主要有以下几个方面的变化：

（1）一子级整体尺寸减小。全长由 92 m 降低至 84.5 m，翼展由 46 m 降低至 41.4 m，推进剂最大质量从 150 t 减少至 100 t，而净质量由 112 t 增加至 149 t，大幅增加了设计的质量裕度。

（2）改善设计。通过缩小尺寸，并改善机翼/吊舱的一体化设计减小了横截面积和阻力。

（3）降低机翼面积。机翼的面积由 880 m² 降低至 735 m²，从而使得翼载达到最优 450 kg/m²。

（4）发动机吊舱前移。使得质心更容易匹配，并可缩短后襟翼的长度。

（5）降低发动机成本。单台发动机地面推力由 400 kN 降低至 300 kN，发动机台数由 6 台减少至 5 台，以便于安装涡轮发动机的组件，降低发动机的单位成本，减少维护费用。

表 2.4 "桑格尔"一子级空天飞行器两轮设计总体技术参数

技术参数	1987 年 5 月方案		1987 年 12 月方案	
	一子级	高超声速客机	一子级	高超声速客机
全长/m	92	92	84.5	84.5
翼展/m	46	46	41.4	41.5
机翼面积/m²	880	880	735	735
贮箱容积/m³	2 500	1 800	1 500	1 500
净质量/t	112	121	149	155
推进剂最大质量/t	150	120	100	100

技术参数	1987 年 5 月方案		1987 年 12 月方案	
	一子级	高超声速客机	一子级	高超声速客机
有效载荷质量/t	66~91：二子级	35~40：250 名乘客/货物	66~91：二子级	35~40：230 名乘客/货物
最大起飞质量/t	500~350	270~280	340	295
高超声速最大升阻比	4.4	5.5	4.8~5.5（5°）	5.7（5°）
亚声速最大升阻比			10.5（3.5°）	12（3.5°）
发动机台数	6	6	5	5
发动机地面推力/kN	400	400	300	300
飞行距离/km	5 000	10 360	5 000	10 360
使用年限/年	15	15		
工作寿命	100~150 次，500~1 000 h	2 万次，55 000 h		

　　然而，经过几年的方案设计和研究，市场调查发现最大巡航飞行速度在 $Ma5$ 左右的飞行对包括长途飞行（如从法兰克福到东京）在内的航空客运并无足够吸引力，这是由于对客机来说大多数路程都需要飞经陆地，而陆地上空不允许超声速飞行。另外，由于当时"协和"号飞机正处于服役阶段，实际上并无将高超声速民用运输飞行器作为"协和"号飞机的"后继者"的市场需求。因此，民用航空公司对利用"桑格尔"一子级空天飞行器 EHTV 发展超声速客机的兴趣不大。了解到这一现状后，技术人员舍弃了由"桑格尔"一子级空天飞行器向超声速客机转化的考虑，在 1992 年重新对一子级进行了优化改进，总体技术参数如表 2.5 所示。改进后的起飞总质量由原来的 340 t 增大至 435 t。

表 2.5　"桑格尔"一子级空天飞行器总体技术参数（1992 年方案）

技术参数	数值
全长/m	86.4
高度/m	16.8
翼展/m	43.2
最大起飞质量/t	435
净质量/t	186

续表

技术参数	数值
推进剂最大质量/t	134
有效载荷质量/t	115：二子级

为了获得良好的气动性能，一子级飞行器的整体构型按照不同马赫数下可达到的最大升阻比进行优化设计。此外，由于"桑格尔"空天飞行器需要以 $Ma4.5$ 巡航飞行较远距离，需要着重考虑该巡航点上的最大升阻比设计。对于这一要求，最佳方案是采用细长外形，这意味着飞行器具有尖头机身和尖锐前缘。

1988 年，基于 1987 年 12 月所形成的方案进行了外形构建，这一构型被命名为 8/88 号构型，其外形特征近似为一个双三角翼结构，机翼后部有小的负反角，翼身融合。1992 年，基于新的总体技术参数形成了"桑格尔"4/92 号构型。"桑格尔"4/92 号构型与 8/88 号构型对比如图 2.20 所示。最终，在 $Ma4.5$ 的巡航速度下，一子级可达到的最大升阻比为 5.5，组合体（带二子级）可达到的最大升阻比为 4.4。

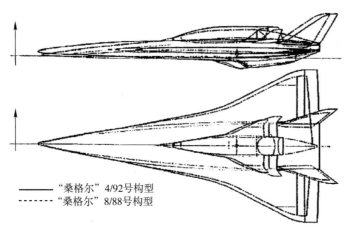

—— "桑格尔"4/92号构型
------ "桑格尔"8/88号构型

图 2.20 "桑格尔"4/92 号构型与 8/88 号构型对比

技术人员对当时已有的超声速飞行器在不同马赫数下的最大升阻比进行了调研，结果如图 2.21 所示。其中，在亚声速下"桑格尔"空天飞行器基本达到了"协和"号飞机的性能，这主要是由于其具有较大的长细比。

对于一子级发动机的设计工作早在 1988 年初就已经开始了，因为无

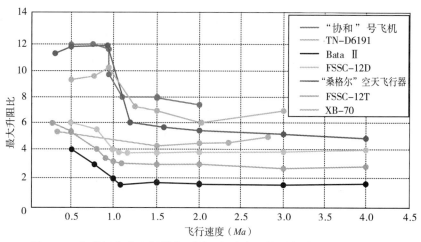

图 2.21　各种超声速飞行器在不同飞行速度下的最大升阻比（见彩插）

论最终选择何种发动机循环类型，最关键的发动机部件的技术开发工作
基本上是相同的，如进气、冲压燃烧室和喷嘴等。1990 年 2 月，最终选择
了带有同轴流道一体化涡轮/冲压发动机作为一子级的推进系统，并以此作
为推进系统开展所有相关概念设计和技术研究的基准。"桑格尔"推进运行
模式如图 2.22 所示。发动机涡轮模态的飞行速度为 $Ma0 \sim 3.5$，当飞行速
度大于 $Ma0.9$ 时加力燃烧室点火；当飞行速度达到 $Ma3.5$ 时，通过模态
转换机构切断通过涡轮发动机的气流，使其绕过加力燃烧室内关闭的涡
轮部分，此时加力燃烧室以冲压模态工作，直至达到两级分离 $Ma6.8$。

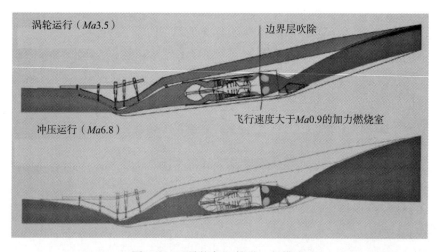

图 2.22　"桑格尔"推进运行模式

2.4.5 二子级方案

1. 载人型二子级

载人型二子级 HORUS 在外形上与"使神"号空天飞机相似，但尺寸与质量要稍大些。HORUS 上面级的主要任务如下：

（1）向 28.5° 轨道倾角、460 km 高度的空间站提供服务，运送人员和补给；

（2）将人员运送到 104°/300 km 的极轨道，对极轨平台进行维护；

（3）飞至不同的轨道执行侦察任务；

（4）载运乘客作远距离（大于 16 000 km）亚轨道飞行。

载人型二子级 HORUS 要实现载人飞行，必须为一种自主飞行器，将无人驾驶模块整合，其设计应包含一个固定式一体化增压舱以承载机组人员和有效载荷，还应包含制导、导航、控制（GNC）仪表系统、环境控制系统以及生命保障系统。图 2.23 展示了载人型二子级 HORUS 总体布局示意图。

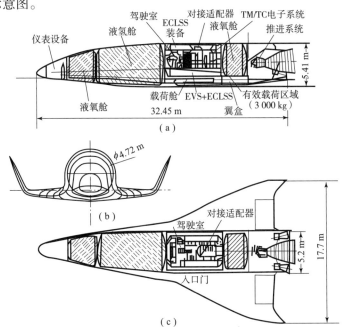

图 2.23　载人型二子级 HORUS 总体布局示意图

（a）侧视图；（b）正视图；（c）俯视图

ECLSS—环境控制和生命保障系统；EVS—飞行器外系统；TC—遥控系统；TM—遥测系统

1987年12月形成的载人型二子级 HORUS 总体技术参数如表2.6所示。该方案与1987年5月的初始方案相比，主要进行了以下改进：

（1）推进系统的发动机由2台700 kN 推力火箭发动机改为1台1 500 kN 推力的火箭发动机，使结构质量与整修费用减小，结构布局更加合理；

（2）增大了液氧液氢推进剂混合比，使推进剂贮箱容积减小20 m³，结构质量减小150 kg；

（3）轨道机动系统、反作用控制系统等辅助推进系统用的推进剂由可储推进剂改为气态氢/氧，使质量减小400 kg；

（4）用单个大液氢箱取代3个小液氢箱，从而可留出空间安装设备，如辅助推进系统、前起落架组件等。

表2.6 载人型二子级 HORUS 总体技术参数（1987年方案）

技术参数	数值
全长/m	32.8
翼展/m	17.0
机身最大宽度、高度/m	6.0、5.0
总质量（不包括有效载荷）/t	87.5
有效载荷质量/t	3.5
净质量/t	22.5
推进剂最大质量/t	65
发动机推力/kN	1 500
推进剂贮箱容积/m³	液氢120/液氧52
增压机舱/座舱容积/m³	96

此后，对载人型二子级 HORUS 进行了进一步优化，几经演变后调整为 HORUS – 3C 方案，飞行器整体尺寸有所缩小，如图2.24所示。该飞行器尺寸介于 HERMES 无人机和航天飞机轨道器之间，如图2.25所示。其外形是为在大气层中高速巡航飞行而设计的，具有相对较大的横向航程，到达中欧机场所需横跨的距离为2 500 km。没有驾驶舱窗口，所需的视野通过光电手段提供。

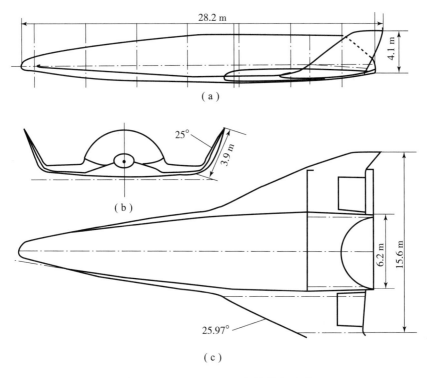

图 2.24　HORUS – 3C 几何结构与尺寸

（a）侧视图；（b）正视图；（c）俯视图

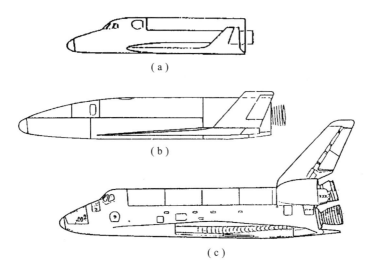

图 2.25　HORUS – 3C 与 HERMES 无人机及航天飞机轨道器的比较

（a）HERMES 无人机；（b）HORUS – 3C；（c）航天飞机轨道器

2. 货运型二子级

CARGUS 货运二子级用于将重型载荷送入不同的轨道，或者用于完成科研与星际航行任务。CARGUS 在结构上拟采用“阿丽亚娜 5 号”运载火箭芯级（H155 级）的截短方案。GARGUS 是一次使用的系统，主要由整流罩、贮箱段、发动机和带机翼的尾端组成，有效载荷放置在整流罩内，贮箱段包括液氧箱和液氢箱，采用 HM60 发动机，机翼是带翼梢小翼的后掠式机翼，可改善气动性能。1990 年，最后确定的主要技术参数如表 2.7 所示。

表 2.7　CARGUS 货运二子级主要技术参数（1990 年方案）

技术参数	数值	技术参数	数值
全长/m	32.8	直径/m	5.4
翼展/m	17.5	结构质量/t	6
总质量/t	71～76	整流罩长度/m	10.8
有效载荷质量/t	10～15	整流罩直径/m	5.4

然而，后来技术人员发现，与之前设想的一次性弹道级无人型货运二子级 CARGUS 相比，采用有翼的设计是一种更好的方案。因此，“桑格尔”空天飞行器最初拟定的货运二子级 CARGUS 被取消，转为在载人型二子级的基础上开发一种相近的有翼无人型二子级方案。其外形方案与载人型二子级基本相同，内部主要工作段的基本布局也基本一致，包括航空电子设备舱、前部液氧贮箱、液氢贮箱、有效载荷舱、后部液氧贮箱、推进系统舱等。图 2.26 所示为无人货运型二子级总体布局示意图。

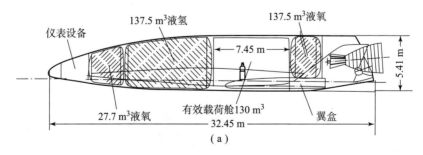

图 2.26　无人货运型二子级总体布局示意图

（a）侧视图

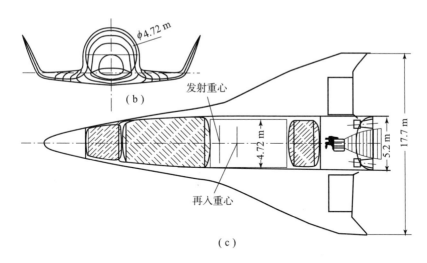

图 2.26 无人货运型二子级总体布局示意图（续）

（b）正视图；（c）俯视图

2.5 关键技术问题

以"桑格尔"方案为牵引，研究人员对当时最前沿的技术与研究所需要的技术进行了对比，确定了以下几个主要技术领域的关键问题和难点。

1. 推进系统领域

（1）TBCC 组合发动机的研发，并保证实现平稳的模态转换。

（2）发动机变几何流道及再生冷却系统的设计。

（3）在宽速域范围内满足推力和比冲要求。

（4）在保证推力、比冲性能的前提下，以最佳方式实现推进系统与机体的一体化设计，并尽可能降低推进系统结构质量。

2. 气动热力学领域

（1）完成两级飞行器的外形设计，重点保证一子级在宽速域范围内满足气动性能要求，并在保证飞行性能和可控性的前提下实现机体与推进系统的一体化设计。

（2）完成两级安全可靠分离。

（3）通过数值仿真或地面模拟试验的方式确定飞行剖面内的气动热力学载荷。

3. 结构热防护领域

（1）多场耦合环境下结构热防护的轻量化设计与优化。

（2）高效热防护与热控制系统的设计，通过辐射冷却等方式为结构提供高温保护。

除此之外，还需形成一套完备的关键技术验证方案，包括仿真模拟、地面试验以及飞行试验，确定必要的转移模型，建立相应的条件设施，包括超级计算设施、地面大型试验设施以及试验飞行器，并进行可行性进度管理与成本估算。

参考文献

［1］KUCZERA H，SACHER P W. 可重复使用空间运输系统［M］. 魏毅寅，张红文，王长青，译. 北京：国防工业出版社，2015.

［2］《世界航天运载器大全》编委会. 世界航天运载器大全［M］. 北京：中国宇航出版社，2007.

［3］DIERTER J，GOTTFRIED S，SIEGFRIED W. Basic Research and Technologies for Two-Stage-to-Orbit Vehicles［M］. Germany：Wiley-VCH，2003.

［4］周宁，芮姝，曹特，等. 德国吸气式空天飞行器机体/推进一体化设计发展综述［C］//哈尔滨：全国高超声速科技学术会议，2015.

［5］王向阳. 西德桑格尔空天飞机方案［J］. 导弹与航天运载技术，1987（6）：1-7.

［6］王亚文. 西德推出多种用途桑格尔空天飞机方案［J］. 导弹与航天运载技术，1987（5）：1-6.

［7］谢亮. 西德拨款研究森格尔航天飞机［J］. 世界导弹与航天，1989（9）：35-38.

［8］鲍贤栋. 水平起落完全重复使用的下一代航天飞机［J］. 上海航天，1987（3）：2-6.

［9］DIETER J，GOTTFRIED S，SIEGFRIED W. Basic Research on TSTO［M］.

Germany: Wiley – VCH, 2003.

[10] SACHER P W. The Engineering Design of Engine Airframe Integration for the SÄNGER Fully Reusable Space Transportation System [R]. Aerospace Consulting RTO-EN-AVT – 185, 2010.

[11] KOELLE D. Advanced Two-Stage Vehicle Concepts (SANGER) [R]. AIAA 90 – 1933, 1990.

[12] HOGENAUER E, KOELLE D. SANGER the German Aerospace Vehicle Program [R]. AIAA – 89 – 5007, 1989.

[13] SCHABER R, SCHWAB R R. Hypersonic Propulsion Considerations for a Flying Testbed [R]. AIAA 91 – 2492, 1991.

[14] HEITMEIR F, LEDERER R. German Hypersonic Technology Programme-Airbreathing Propulsion Activities [R]. AIAA – 92 – 5057, 1992.

[15] RAHN M, SCHOETTLE U. Safety and Flight Abort Aspects of the SANGER Space Transportation System [R]. AIAA – 93 – 5092, 1993.

[16] HENDRICK P, HENDRICK M S. Sanger-type T. S. T. O. using in-flight LOX collection [R]. AIAA – 97 – 2858, 1997.

[17] TROLLHEDEN S, STREIFINGER H. Secondary Power System Study for the SANGER First Stage Vehicle [R]. AIAA – 93 – 5033, 1993.

[18] BRUHI C, CRUTZEN P. The Impact of the Spacecraft System SANGER on the Composition of the Middle Atmosphere [R]. AIAA – 92 – 5071, 1992.

第3章 推进系统研究工作

3.1 概　　述

　　"桑格尔"空天飞行器在推进系统方案的选择上，一子级飞行器推进系统采用了吸气式组合循环发动机方案，二子级采用了火箭发动机方案。由于当时超燃冲压发动机技术并不成熟，一子级推进系统选择了可工作在涡轮和亚燃冲压模态的涡轮基组合循环发动机（TBCC）。随着飞行马赫数的增加，进气道捕获气流的焓值也急剧增大，燃料热值与气流初始总焓的比值急剧下降，造成燃烧室能够实现的加热比急剧下降；由于一子级飞行器需要在飞行马赫数达到 $Ma6.8$ 左右时与二子级分离，为了保证发动机吸气、燃烧以及推力保持稳定，采用了主动冷却技术的进气预冷方案。在当时的技术水平下，煤油等碳氢燃料无法满足 $Ma6.8$ 来流条件下发动机的冷却需求，而低温液氧液氢燃料可直接利用其物理热沉对发动机进行冷却，且其具备的更高比冲性能可大大节省燃料携带量，飞行器选择了液氢低温推进剂。

3.2　研究工作总体规划

3.2.1　研究阶段规划

　　"桑格尔"空天飞行器推进系统各阶段的研究工作如图 3.1 所示，涵盖了推进系统方案研究、亚燃/超燃冲压发动机基础技术研究工作、进排气及燃烧室研究、发动机系统地面试验和飞行试验验证六大部分。从整体规划来看，"桑格尔"计划在发动机方面的研究工作是成体系开展的，并统筹安排了基础研究和关键技术攻关。

　　（1）1a 阶段主要是系统方案论证和原理验证阶段。研究于 1988 年

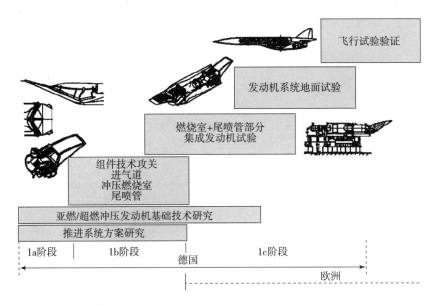

图 3.1　"桑格尔"空天飞行器推进系统各阶段的研究工作

正式开始，技术团队同时开展亚燃冲压发动机基础技术研究、超燃冲压发动机技术研究以及推进系统研究 3 个重点项目，主要根据整个"桑格尔"空天飞行器总体方案技术指标，对吸气式推进方案进行论证和设计。

（2）1b 阶段主要是部件研制与地面验证阶段。1990 年结合吸气式推进系统与冲压发动机的研究结果，开始进行相关发动机部件诸如发动机组件、冲压燃烧室、喷管等关键设备的开发工作，各研究机构在完成部件开发的同时也对相关部件单独进行了试验考核，以保证单件的性能满足要求。

（3）1c 阶段主要是核心部件地面试验及系统集成地面试验阶段。从 1993 年开始，研究团队开展了燃烧室与喷管部分集成的发动机试验，以验证当前设计的合理性，在 1c 阶段后期（1994 年）开展了推进系统的地面试验，建立了长约 9 m 的德国大型冲压发动机地面试验模型（German RAM – Engine for Ground Testing，GREG）的完整大型冲压发动机模型以获取详细的发动机工作性能参数。根据研究计划，在 1c 阶段末期研究工作逐渐过渡到飞行试验任务。同时，随着总体方案在 1b 阶段基本确定，1c 阶段研究工作启动了与欧洲各国乃至美国的国际合作，客观上确定了德国在 TBCC 组合动力领域的牵引地位。

3.2.2　参研机构

在整个推进系统的研制工作中主要由德国团队主导，主要分工如图 3.2 所示，研究分工大致分解为进气道、燃烧室、燃料系统、相关设备以及试验五部分，主要包括 MTU、DASA 公司和 MBB 公司等参与，基本覆盖了德国整个航空航天工业领域。其他参与研究的机构还有亚琛工业大学、慕尼黑工业大学、奥伯法芬霍芬德国航空航天中心飞行系统动力学研究所、格赖夫斯瓦尔德恩斯特－莫里茨－阿恩特大学等。

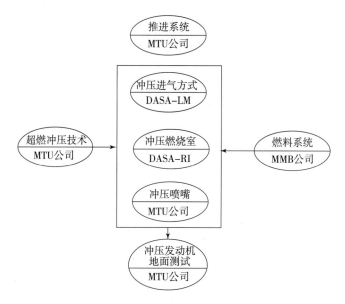

图 3.2　推进系统研制工作主要分工

3.3　一子级推进系统方案

3.3.1　设计约束

结合"桑格尔"空天飞行器的飞行任务需求与飞行剖面，一子级推进系统的工作过程如图 3.3 所示。发动机以涡轮模态开始工作，当飞行高度达到 19.5 km、飞行速度达到 Ma3.5 左右时进行涡轮到冲压的模态转换。完成转换后进一步加速，以冲压模态在飞行速度 Ma4.5、高度为

25 km 状态点进行超声速巡航。当飞行速度达到 $Ma6.8$，高度 31 km 后，飞行器完成级间分离，至此一子级完成主要任务返航。一子级推进系统工作期间随着飞行包线的变化会对进气道捕获面积、冲压燃烧室工作状态、涡轮机构、喷管喉部面积进行适应性调整，以实现飞行状态的最优化。

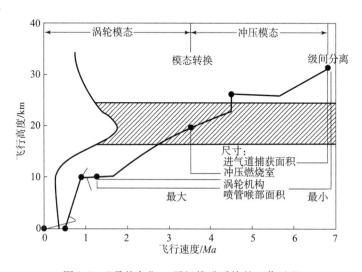

图 3.3 "桑格尔"一子级推进系统的工作过程

3.3.2 组合循环发动机的方案对比

根据飞行任务剖面，一子级需要实现从零速到高超声速的宽速域飞行。目前，只有火箭发动机能够满足这样的加速需求，但其比冲较低，不适合水平起飞。涡轮能够满足水平起飞要求，但受制于旋转机械的增压能力，无法加速至更高飞行速度。冲压发动机能够实现超声速、高超声速经济巡航以及加速飞行，但无法自启动。因此，对于同时满足加速和若干状态点经济巡航飞行的双重约束，现有单一种类发动机难以实现。

TBCC 推进系统按照涡轮与冲压发动机的布局可以划分为串联式与并联式两种，其中并联式布局又可根据进气道的结构分为内并联与外并联两种。当涡轮发动机与冲压发动机共用一个燃烧室时为串联式 TBCC，如图 3.4 所示。当起飞和低速飞行时，内涵道的涡轮发动机单独工作，外涵道通道可处于关闭状态或仅作为气流通道使用，此时的组合发动机处于涡轮工作模式；当飞行器飞行速度增加到一定值时（如大于 $Ma2.0$），外涵道逐渐开启，在冲压燃烧室中开始喷油进行燃烧组织，此时的组合发动机中涡轮发动机与冲压发动机处于同时工作状态，随着飞行速度的进一步提高（如大于 $Ma3.5$），组合发动机通过机构调节，将外涵道流量增大，逐渐由模态转换阶段过渡至冲压模态，进一步提高飞行速度（如大于 $Ma4.0$），内涵道涡轮发动机的流量和推力进一步减小，此时的推力主要来源为冲压发动机，即为冲压模态。

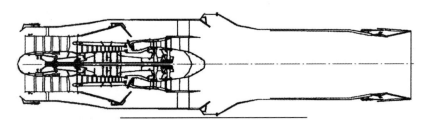

图 3.4　串联式 TBCC 推进系统

当涡轮与冲压发动机分别拥有独自的燃烧室时称为并联式 TBCC，主要包括上下并联式、内外环绕式等并联方案。图 3.5 所示为上下并联式方案，也是当前的主流设计方案。当起飞和低速飞行时，进气道上流道打开，下流道关闭，全部气流进入涡轮发动机，此时的组合发动机处于涡轮工作模态；当飞行器加速到一定速度后（如大于 $Ma2.0$），下流道逐渐打开，在冲压燃烧室中开始喷油并进行燃烧组织，此时为并联式 TBCC 的模态转换工作状态；随着飞行速度的进一步提高（如大于 $Ma4.0$），上流道逐渐关闭，涡轮发动机推力逐渐下降直至停车，此时全部气流进入冲压发动机燃烧室，进入冲压模态。

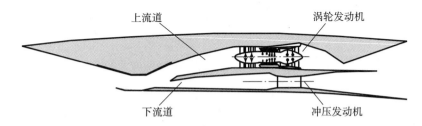

图 3.5　上下并联式 TBCC 推进系统

基于 TBCC 推进系统概念，从涡轮发动机到冲压发动机的转换过程将是完成飞行任务的关键所在，而从涡轮发动机到冲压发动机的转换过程顺利与否主要取决于转换马赫数，为覆盖各种潜在的推进系统方案，

"桑格尔"团队从涡轮发动机与冲压发动机组合的方式上共分析和评估了 6 种推进方案。对最具前景的推进系统方案进行了深入、详细的研究，并最终选定一个方案进行评估和推荐。图 3.6 给出"桑格尔"空天飞行器一子级 6 种备选推进系统方案。这 6 种方案对 3 种发动机组合循环类型进行了研究，每种循环类型对应 2 个变体。

（1）涡喷发动机/冲压发动机（串联式和并联式布局）。

（2）涡扇发动机/冲压发动机（有预冷装置和无预冷装置的"超快"（Hy‑percrisp）发动机）。

（3）涡轮膨胀机/冲压发动机（带预燃或带氢气热交换器）。

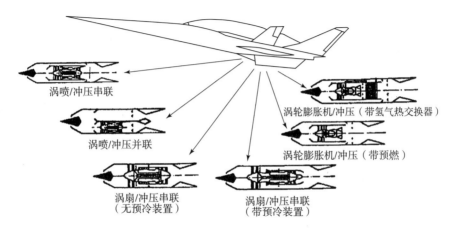

图 3.6　"桑格尔"空天飞行器一子级 6 种备选推进系统方案

在 TBCC 发动机的多方案对比分析和方案设计过程中，需要重点考虑以下设计要求：

（1）进气道的设计要满足最高飞行速度条件下冲压模态的工作要求（最终确定最高飞行速度为 $Ma6.8$ 左右）；

（2）跨声速是推阻矛盾较为严重的设计点，该状态下的性能要求是涡轮模态的主要设计依据；

（3）加力燃烧室和冲压燃烧室设计要保证发动机能够在 $Ma3.5$ 条件下由涡轮模态转换为冲压模态，在转换过程后飞行器能够继续加速；

（4）宽速域飞行要求进排气要有较高的可调整性，取决于涡轮、冲压发动机的热力学设计和飞行速度。

图 3.7 为上升段轨迹中的发动机关键设计参数。

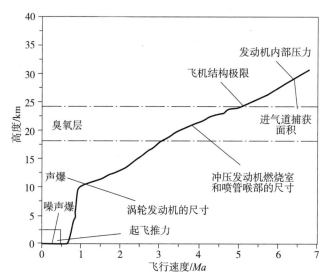

图 3.7 上升段轨迹中的发动机关键设计参数

基于上述设计要求和方案对比研究，研究团队从 6 种备选发动机中筛选出 3 种较优的发动机方案，如图 3.8 所示：图 3.8（a）是涡轮/冲压发动机并联结构；图 3.8（b）是涡轮喷气发动机/涡轮风扇和冲压发动机/加力燃烧室的串联结构；图 3.8（c）是涡轮膨胀机/冲压发动机结构。

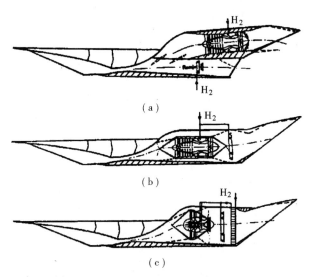

图 3.8 涡轮/冲压发动机推进系统方案

（a）涡轮/冲压发动机并联结构；（b）涡轮喷气发动机/涡轮风扇和冲压发动机/
加力燃烧室的串联结构；（c）涡轮膨胀机/冲压发动机结构

　　在后续的对比研究中，研究团队对 3 种发动机开展了与飞行器的一体化设计，初步考虑的推进系统方案是 4～6 台发动机并联，总宽度为10 m。采用腹部进气的总体布局形式，利用飞行器前体提供的预压缩大幅减小进气横截面。

3.3.3　组合循环发动机方案的确定

　　1990 年 2 月，即 1b 阶段末期，串联式涡轮/冲压发动机方案被选定为"桑格尔"一子级推进系统方案研究基准（图 3.9），推进系统主要包括 5 台 TBCC 发动机，推进剂为液氢。每个发动机包括 1 个可变进气道、1 个涡轮/冲压喷气发动机、1 个可变二维喷管与隔离段。发动机燃烧室的最大压力限制为 600 kPa。喷管的喉部面积变化情况为 $Ma3.5$ 时为 2.25 m^2，$Ma6.8$ 时为 0.77 m^2。$Ma3.3～3.8$ 时推进系统将在涡轮模态和冲压模态之间进行转换。

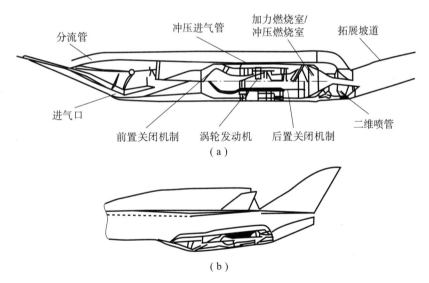

（a）

（b）

图 3.9　"桑格尔"一子级推进系统方案示意图

（a）TBCC 发动机；（b）TBCC 与飞行器的一体化设计

　　在冲压模态下，通过一个封闭机构，可保护涡轮发动机免受进气道的高温冲击，该封闭机构的设计采用一个同轴前向/后向移动的锥体。在涡轮模式下，通过独立的流道清除一子级前机身产生的附面层，以避免气流无规则扰动，此时的冲压燃烧室和燃料加注装置也可以充当加力燃烧装置，而且由于进气道和二维喷管采用了变几何，从而使发动机能够更快达到实际的飞行速度。涡轮模态工作飞行速度最高为 $Ma3.5$。当飞行速度超出 $Ma0.9$ 时，加力燃烧室点火，然后切换机构逐渐切断通过涡轮发动机的气流，使其绕过加力燃烧室内关闭的涡轮部分。此时，加力燃烧室则开始以冲压模态工作，直至 $Ma6.8$ 的最高飞行速度。在冲压模态下，引导气流以同轴的形式环绕涡轮发动机进入冲压燃烧室。图 3.10 为推进系统的涡轮和冲压运行模态（HFD 指水平机身位置）。

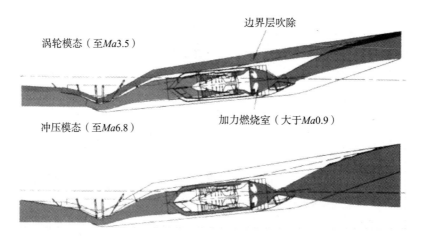

图 3.10　推进系统的涡轮和冲压运行模态（HFD 指水平机身位置）

　　推进系统与机身的一体化设计是"桑格尔"空天飞行器设计过程中最具挑战性的任务之一。推进系统的一体化程度决定了最终获得的净推力。图 3.11 显示了一子级上升过程中飞行速度所对应的净推力和阻力。在起飞阶段飞行速度由 $Ma0$ 升至约 $Ma0.5$，推力有着较大的下降，阻力在此阶段产生了小幅的上升，在 $Ma0.5\sim0.9$，推力由约 1 200 kN 上升至约 1 700 kN，在跨声速区域阻力快速增大并在 $Ma1.7$ 时达到一个峰值，此后逐渐下降。当飞行速度达到约 $Ma3.2$ 时，发动机开始由涡轮模态转换为冲压模态，推力性能有较大提升。在飞行速度达到 $Ma6.8$ 左右，由于大气逐渐稀薄，推力和阻力同步下降，推力仍大于阻力，直至两级分离。

　　根据既定飞行轨迹，一子级推进系统燃料消耗量与飞行速度的关系曲线如图 3.12 所示。

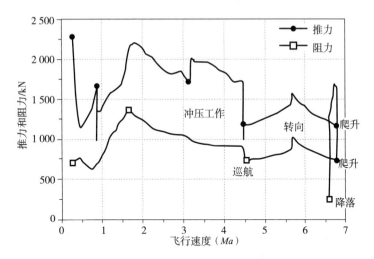

图 3.11　一子级上升过程中飞行速度所对应的推力和阻力

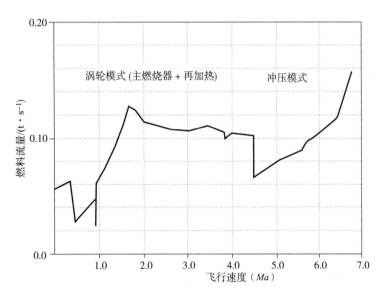

图 3.12　一子级推进系统燃料消耗量与飞行速度的关系曲线

　　"桑格尔"团队的研究人员在对 TBCC 发动机技术研究期间，主要面临以下技术挑战：

　　（1）发动机和飞行器一体化设计；

　　（2）宽域排气系统设计；

（3）高效长寿命冲压燃烧室设计；

（4）高马赫数变循环发动机设计；

（5）计算分析和数值仿真工具。

在研发期间，设计人员首先确定下来的是整个飞行速域内的运行模态，要保证共用进气道、外涵道、冲压燃烧室、喷管的设计既要满足发动机结构上的匹配，又要保证在不同模态下可靠稳定地工作；在模态转换时，要防止风扇和压气机失速、冲压涵道内气流倒流、冲压燃烧室点火产生高压力峰值和燃烧不稳定性等问题。

针对模态转换问题，"桑格尔"团队计划研发一种能够在高温下运行的可调式反向旋转涡扇，在冲压发动机运行期间可将风扇调整为在高速气流中的低阻力状态。但是，根据现有研究资料，可以看到"桑格尔"推进系统的研究团队主要开展了针对冲压进气道、尾喷管与燃烧室的相关试验验证工作，直至"桑格尔"计划终止，公开资料中并未提及涡轮核心机研制及相关性能试验结果。

研究人员提出了在 $Ma7$ 条件下一系列的数值计算方法，并利用欧拉和边界层方程对机身前体周围至压缩面的三维流场进行了分析。分析表明，冲压发动机运行时进气道的温度高达 1 800℃，这对发动机主动冷却的需求更为突出，由此需要对以液氢为燃料的冲压发动机进行可行性验证试验。此外，还需要研究外部气流对喷管内部气流的影响，并结合试验解决从圆形喷管到矩形横截面的过渡问题。

3.4 二子级推进系统方案

"桑格尔"空天飞行器的二子级采用火箭发动机。两级分离马赫数为 $Ma6.8$ 左右，而轨道飞行速度为 7.9 km/s，按照海平面声速粗略估算，约为 $Ma25$。这就要求二子级飞行器具有以一个固定构型将载荷从 $Ma6.8$ 加速至 $Ma25$ 的能力。特别是飞行器在分离后还需要在临近空间依靠气动力调整飞行轨迹，与传统火箭相比飞行器的结构质量系数更高。这些约束对发动机的比冲性能提出了较高要求。

在方案选择的过程中，最主要的问题就是发动机类型的选择。当前主流的火箭发动机有固体火箭发动机和液体火箭发动机，表 3.1 和表 3.2 分别为固体与液体火箭发动机的优缺点。

表 3.1 固体火箭发动机的优缺点

优 点	缺 点
（1）设计简单（活动部件很少或没有）； （2）使用方便（飞行前检测项目少），可快速投入使用； （3）无推进剂泄漏、溢出或晃动； （4）通过预先设计可实现推力调节和多次启动（少量次数）； （5）可提供推力矢量调节（TVC），但复杂性增加； （6）可储存 5～25 年； （7）一般总密度较高，装药空间可缩小； （8）有些推进剂的排气无毒、清洁，但性能较低； （9）药柱和壳体设计方案可采用多个喷管； （10）可通过推力终止装置控制总冲； （11）绝热层、喷管和喉衬材料的烧蚀与气化增加了质量流量及总冲； （12）能设计成可回收、再填装和可重复使用的（航天飞机固体火箭发动机）	（1）爆炸和着火可能性较大，发动机失效会造成灾难性后果，多数无法承受枪击或向硬表面的坠落； （2）在公共场所运输时需要满足环保要求； （3）有些推进剂和药柱在某些条件下会发生爆震； （4）温度交变会引起药柱的累积破坏，限制使用寿命； （5）若设计成可重复使用，则制造厂需要进行大范围的再加工和装填新推进剂； （6）需要点火系统，而且每一次再启动都需要一个独立的点火系统和更多绝热装置（再启动次数极为有限）； （7）含高氯酸铵的复合推进剂排气一般有毒； （8）多数固体推进剂羽流造成的无线电频率衰减比液体推进剂大； （9）一旦点燃无法改变预定的推力或工作时间； （10）药柱的完整性在发射场很难检测； （11）推力和工作时间随药柱初始温度变化不易控制； （12）无法在使用前进行试验

表 3.2　液体火箭发动机的优缺点

优　点	缺　点
（1）有着较高的比冲，在推进剂一定的情况下飞行器速度增量和能达到的速度最大； （2）推力可以随意调节，可随意启动、关机，可脉冲工作，推力‑时间曲线可控，能实现飞行弹道重复； （3）能采用推力终止装置控制总冲； （4）可在临使用前进行全面检测，飞行前可在地面或发射台全推力试车； （5）能设计成经发射场维护和检测后可重复使用； （6）推力室可以冷却，能降低质量； （7）可储存液体推进剂在飞行器上超过了 20 年，发动机可快速投入使用； （8）对于泵压式供应系统和较大的总冲，推进系统死重相当小，推进剂质量分数高，大多推进剂排气无毒，环保能接受； （9）同一种推进剂可为飞行器各处的多个推力室供应推进剂； （10）推进剂贮箱的形状在飞行器内的布局能最大程度减小动力飞行段重心的变化量，提高飞行器的飞行稳定性	（1）设计相对复杂，故障模式较多； （2）低温推进剂无法长期储存，在发射台加注需要低温推进剂贮存设备； （3）非自燃推进剂需要点火系统； （4）需要独立的增压子系统给贮箱增压； （5）控制燃烧不稳定性的难度较大； （6）推进剂密度较低，发动机组件安装效率相对较低，一般所需空间较大； （7）零重力环境下的启动需采用专门措施； （8）低温液体推进剂有启动延迟； （9）枪击会造成泄漏，有时会引起着火； （10）大推力发动机的启动需要耗费数秒时间

综合固体与液体火箭发动机的优缺点以及"桑格尔"二子级空天飞行器的任务特性，二子级方案选择了以氢氧作为低温推进剂的液体火箭发动机方案。在初步方案中火箭推进系统由一个或两个先进高压顶置循环（ATC‑X）发动机组成，燃烧室压强为 28 MPa，其可靠性已经于 1968 年在 MBB 公司的火箭发动机联合试验中得到验证。该型火箭发动机的推力范围为 1 200～1 400 kN。图 3.13 为高超声速轨道可重复使用二子级发动机的先进高压顶置循环（ATC‑X）发动机设计。

由于火箭发动机的推力水平、推进剂配比、喷管膨胀比等主要参数不能随意选择，因此必须基于飞行器飞行任务相关信息进行优化确认。

采用轨道理论计算方法获得进入目标轨道的最终质量值和考虑到发动机质量的最佳推力水平。图 3.14 所示为在 472 s 恒定比冲的推力水平

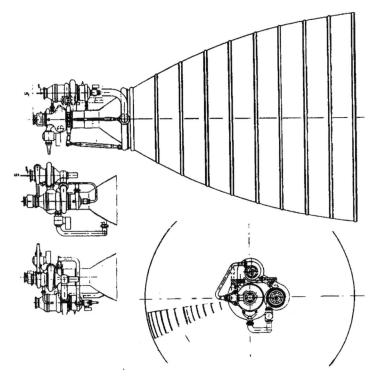

图 3.13　高超声速轨道可重复使用二子级发动机的
先进高压顶置循环（ATC－X）发动机设计

下飞行器的质量－推力曲线。实际上随着发动机尺寸的增加，有限的喷
管直径（"桑格尔"方案中的喷管直径约为 3 m）会导致比冲的降低，
此时产生的最佳推力水平约 1 700 kN。然而，发动机质量也随着推力的
增加而增加，因此最大净有效载荷是在发动机推力为 1 200 kN 时实现
的。此时喷管直径为 3 m，膨胀比为 325，比冲为 472 s。

　　从发动机角度来看，传统火箭由于采用多级方案，因此每一级发动
机都会根据其飞行高度设计其喷管形状，从而以最优的膨胀比发挥火箭
系统的综合性能。二子级发动机需要完成 30～200 km 高度以上的加速
任务，火箭发动机的喷管需要对更宽的空域进行兼顾设计，图 3.15 显
示了不同喷管膨胀比下的比冲与推进配比（氢/氧）的关系。同时，需
要考虑的附加参数是飞行器液氢燃料贮罐质量和结构，这两者都需要优
化到相匹配的状态。图 3.16 为不同喷管膨胀比下的有效载荷、液态氢
质量与推进剂配比的关系。

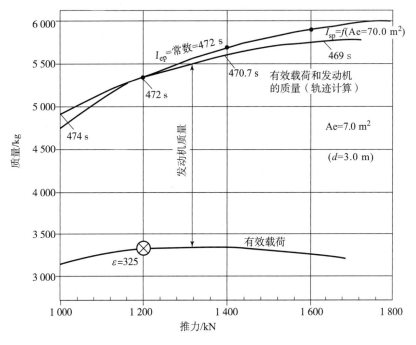

图 3.14　在 472 s 恒定比冲的推力水平下飞行器的质量－推力曲线

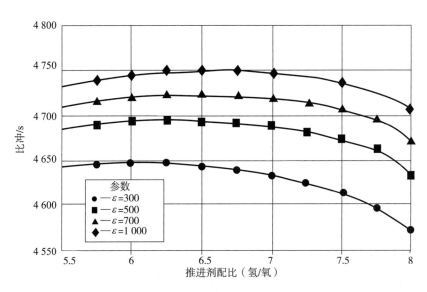

图 3.15　不同喷管膨胀比下比冲与推进剂配比（氢/氧）的关系

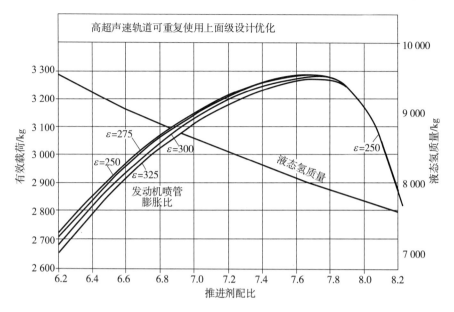

图 3.16 不同喷管膨胀比下的有效载荷、液态氢质量与推进剂配比的关系

论证结果表明，系统总体性能的优先级排在了发动机子系统性能的前面。一方面，增大膨胀比在提升高空性能的同时，也会增加喷管结构质量，总体性能并未获得更多优势，喷管膨胀比的重要性大幅降低。因此，膨胀比减小到 275，比冲降至 467 s；另一方面，氢燃料的密度较低，如果按照最佳混合比，则需要携带更多比例的氢燃料，但会增加贮箱的质量。最终推进剂的混合比选取有效载荷最大状态下的推进剂配比，从而将氢质量减少，体积也相应减少，进一步降低了结构质量。尽管发动机并非最优状态设计，但飞行器总体性能得到了优化。

经过迭代论证，"桑格尔"二子级主发动机的方案最终确定为额定推力达 1 500 kN 的高性能液体火箭发动机，真空比冲为 469 s，燃烧室压力为 27 MPa，具体技术参数见表 3.3。

表 3.3 "桑格尔"二子级主发动机技术参数

技术参数	数值
燃烧室压力/MPa	27
推力/kN	1 500
推进剂混合比	7.6

续表

技术参数	数值
喷管膨胀比	310
燃烧效率	0.885
喷管出口直径/mm	8 260
发动机长度/mm	5 053
发动机质量/kg	2 371

3.5 "桑格尔"推进系统的试验验证工作

与二子级的火箭发动机相比，一子级 TBCC 所需要开展的技术研发与试验验证工作更为复杂。因此，"桑格尔"空天飞行器的推进系统研究工作也重点围绕一子级 TBCC 开展。在试验验证方面主要包括组件试验验证和系统级验证。

3.5.1 组件试验验证工作

冲压模态是 TBCC 最主要的飞行模态，由于飞行器兼顾了 $Ma4.5$ 左右的巡航任务需求，因此飞行器大部分燃料消耗和飞行距离是由冲压模态完成的。1988 年 12 月，MBB 公司凭借其在弹用冲压发动机方面的经验以及相关试验设备，开始研发氢燃料冲压发动机的试验模型。组件试验验证主要包括以下两个方面：宽范围进排气系统设计与试验验证、冲压燃烧室设计与试验验证。

1. 宽范围进排气系统设计与试验验证

进排气系统设计验证主要包括进气道与尾喷管两部分。

几何可变进气道是一体化发动机上非常重要的组件。从涡轮到冲压的模态转换通过一个可变式流道取代了翻板或阀门进行控制。MBB 公司承担了这一发动机进气道的设计工作。在高超声速下进气道内产生的气流损失会降低发动机效率，减少其推力和比冲。研发团队开发了数值方法，用来进行 $Ma7$ 来流条件的进气道设计，通过这种方法共设计出 3 种进气道风洞模型，并对进气道开展了性能测试。

图 3.17 展示了第一种高超声速测试条件下的普通进气道模型
（ETM1），模型横截面约为 10 cm×10 cm。试验组利用德国宇航中心在
科隆的高超声速试验设备对这种进气道进行了测试。这一模型具有可调
节的侧壁，可用来研究边界层影响问题。此外，它也可以朝风洞壁方向
移动。在没有边界层吸除系统的情况下，该进气道模型可在整个马赫数
范围内保持稳定运行。研究人员将从大量的计算流体力学（CFD）分析
中获得的理论值与试验数据进行了比对，并用比对结果建立了第一个关
于高超声速进气道设计和所用设计工具验证的数据库。

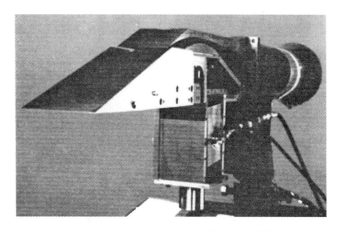

图 3.17　第一种高超声速测试条件下的普通进气道模型（ETM1）

研究人员利用第一种进气道模型所获得的成功经验，建立了具有相
同大小、但结构更复杂的第二种高超声速测试条件下的几何可变进气道
模型（ETM2），如图 3.18 所示。第二种进气道模型的 4 个斜板组件采
用了模块化设计，其中 2 个斜板带有形状可变且装有测量设备的泄气
孔，用来测量边界层的吸除情况。对该模型试验，也是利用德国宇航中
心在科隆的 TMK 风洞设备完成的，试验马赫数分别为 $Ma4.5$、$Ma5.0$
和 $Ma5.2$。

如图 3.19 所示，喷管形状的设计，需要在轴对称形状和二维矩形
之间进行权衡。在不同飞行条件下，这两种方案的出口形状调节机制也
不相同。二维喷管的构型同样要求将横向气流的截面由轴向变为矩形。
其中，二维喷管的结构可降低基础阻力，并在第一级的后机身处采用膨
胀斜板，以增大高马赫数下的推力。

图 3.18　第二种高超声速测试条件下的几何可变进气道模型（ETM2）

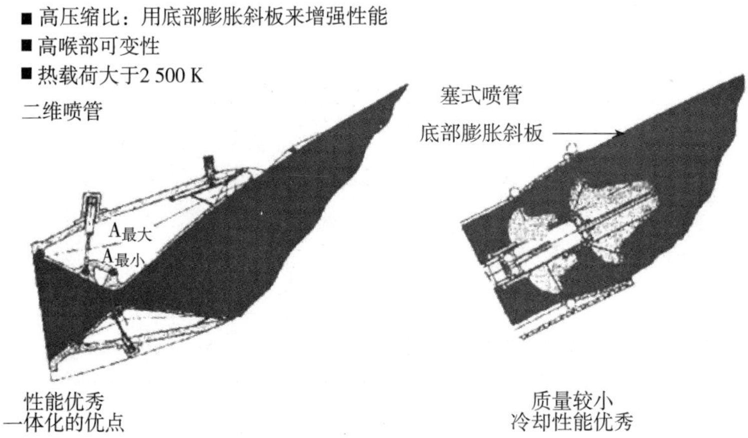

■ 高压缩比：用底部膨胀斜板来增强性能
■ 高喉部可变性
■ 热载荷大于2 500 K

二维喷管

塞式喷管
底部膨胀斜板

A最大
A最小

性能优秀
一体化的优点

质量较小
冷却性能优秀

图 3.19　可变形发动机喷管方案的折中设计

到 1992 年年底，对配备一体式喷管和单边膨胀喷管的冲压发动机燃烧室进行整合试验。用于模拟 *Ma*7 的仪表化喷管试验如图 3.20 所示，在科隆德国航空航天中心的全新实验设施中成功进行了测试。

图 3.21 为与冲压发动机燃烧室进行整合测试的主动冷却二维喷管及单延长坡道。延长坡道采用 C/C 材料。在整个燃烧的测试过程中气体温度达到约 2 800 K。

图 3.20　模拟 *Ma*7 的仪表化
喷管试验（喷管出口横
截面 30 cm×30 cm）

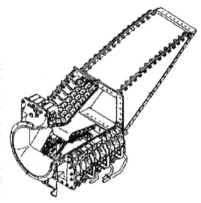

图 3.21　与冲压发动机燃烧室
进行整合测试的主动冷却
二维喷管及单延长坡道

2.　冲压燃烧室设计与试验验证

亚燃冲压燃烧室所面临的主要
问题是火焰燃烧的稳定以及燃油喷
射一体化两个问题。根据前期研
究，主要采用径向主稳定器和环向
支板稳定器相结合的方式实现火焰
稳定，图 3.22 所示为一种与瑞典
合作提出的冲压发动机燃烧室火焰
稳定器布局。在特制的弧形导向叶
片上配备了一体式氢喷射器和"尖
牙"形状的火焰稳定器。

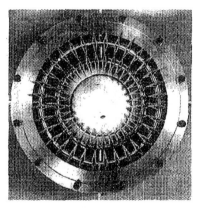

图 3.22　冲压发动机燃烧室火焰
稳压器布局

为了在冲压燃烧室模型中验证
以氢气为燃料的冲压发动机的可行性，采用了 MBB 公司在奥托布朗的
冲压发动机试验设备。

同时，"桑格尔"团队开展了具备液氢再生冷却功能的冲压发动机
燃烧室的设计、布局、结构和制造相关工作。1989 年 12 月底，工厂交
付了第一台发动机。图 3.23 所示为配备主动氢冷功能的测试冲压发动
机燃烧室壁体结构。氢冷发动机功能由捆绑在壁体之上的细管提供。电

镀金属护套可以提供足够的承压能力。截至 1992 年年底，位于德国奥托布伦的试验设施经改进，能够提供 $Ma7$ 的模拟试验条件，并完成了冲压燃烧室的试验验证。

图 3.23　配备主动氢冷功能的测试冲压发动机
燃烧室壁体结构（直径 33 cm）

3.5.2　系统级验证工作

1. 直连台试验

系统级验证工作首先需要形成相应的马赫数条件，才能对飞行器动力部分开展系统级验证工作。"桑格尔"团队首先应用直连台试验来验证冲压燃烧室与尾喷管的匹配程度。直连台试验是利用燃烧式加热设备在地面模拟高空高马赫数飞行状态高温来流，再用一定设计马赫数的喷管对燃烧后高温气体进行加速，以模拟空中经过进气道压缩后的高焓来流。

MBB 公司在奥托布伦进行了系统级直连台测试，其相关管道布局方案如图 3.24 所示。在第一阶段，完成了对几种带有不同冷却结构、火焰稳定器和中心体（模拟一台关闭后的涡轮发动机）的冲压燃烧室方案的测试。燃烧室的直径为 0.33 m，模拟了 $Ma4.7$ 时冲压燃烧室的进气口温度变化。MTU 公司设计并制造了可变形冷却推力喷管，称为"技术演示验证喷管"。这是首次为直径为 33 cm 的燃烧室制造的单边膨胀斜面喷管（SERN）。在第二阶段，升级了奥托布伦的试验设备，以

提供 $Ma7$、试验截面直径达 50 cm、燃烧室进气口最高温度为 2 000 K 的试验条件。设备升级于 1994 年完成，并在 1995 年完成了最高为 $Ma7$ 条件下的高温试验。

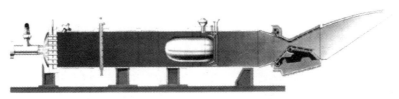

图 3.24　冲压发动机推进系统直连台测试的
相关管道布局方案（燃烧室和喷管）

根据发动机配置，燃烧室直径为 50 cm，整个发动机的总长度约为 8 m。除进气道外，所有部件均在地面设施中设计、制造和试验。

对冲压式喷气发动机燃烧室测试运行中达到 $Ma7$。为了进行这些直连台试验，对测试台进行了一项重大改造，使加热空气成分尽量维持正常值。为了避免经典加热方法中 H_2O 和 CO_2 含量过高的情况，就需要采用回热预热并通过化学反应进行后续加热的方法。这种方法还会大幅降低无效产物的含量。图 3.25 和图 3.26 分别给出了 $Ma7$ 直连试验台布局及试验台实物。

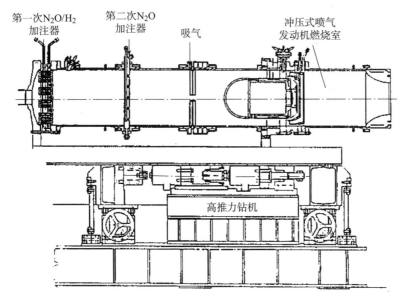

图 3.25　$Ma7$ 直连试验台布局

图 3.26　*Ma*7 直连试验台实物

2. 冲压发动机自由射流试验

　　冲压发动机自由射流试验是一种采用全尺寸、连续流的方式来模拟飞行条件。图 3.27 为典型冲压发动机自由射流装置示意图。大气中的空气首先经过压缩、干燥、加热或冷却实现对实际自由流滞止条件的模拟，然后经喷管膨胀至自由流马赫数静压进入试验舱；最后和燃烧产物一起被真空泵和维持试验段下游静压的喷水冷却排气系统带走。自由射流试验需要的总气流量必须超过所需发动机的气流量，通常超过几倍以便充分复现全部流场。

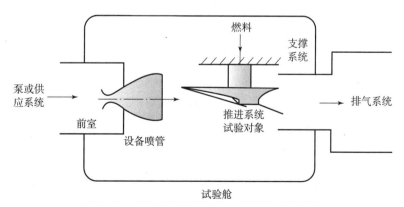

图 3.27　典型冲压发动机自由射流装置示意图

　　整个冲压发动机（包括进气道）于 1996 年在田纳西州图拉荷马阿诺德工程发展中心（AEDC）的自由喷射试验设施气动推进试验单元（APTU）进行试验，运行马赫数约为 $Ma5$。冲压发动机推进系统如图 3.28 所示。

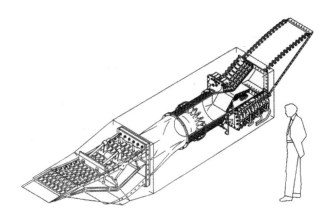

图 3.28　冲压发动机推进系统

　　同时，大容量的新型燃烧室和 SERN 喷管均已投入建造，测试支架和混气系统也进行了改进，并成功完成了第一批热试车。

　　图 3.29 为冲压发动机 SERN 喷管，图 3.30 为冲压发动机测试装置（喷管直径 50 cm）。

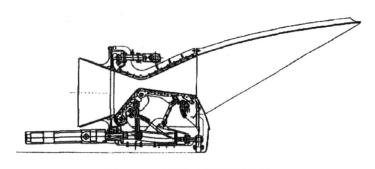

图 3.29　冲压发动机 SERN 喷管

图 3.30　冲压发动机测试装置（喷管直径 50 cm）

3.6　小　　结

　　"桑格尔"方案的推进系统避开了研制复杂的吸气式－氢氧火箭组合发动机技术问题，利用一子级带飞将二子级加速并达到一定高度，从而减少了二子级所需推进剂加注量，技术风险小。在一子级推进系统的选择上涡轮/冲压发动机的应用也体现了其在未来潜在高超声速客机的通用性，该方案的提出解决了两级入轨飞行器的应用问题。但由于当时技术水平限制，其冲压发动机部分仅可采用亚燃冲压发动机，但在其后续的德国高超声速科技计划中对超燃冲压发动机技术的推动起到了不可磨灭的作用。随着"桑格尔"项目的终止，对推进系统的研制停留在了对推进系统开展完整系统级验证之前，若研究能够继续向前推进，则能够进行在自由射流风洞中带有进气道和喷管的 50 cm 大型冲压发动机的试验，甚至最终完成涡轮－亚燃冲压发动机的完整性能试验，这将在组合动力发动机的模态转换、主动冷却、进气道调节以及相关支撑试验设备的发展等方面实现重大突破。

参考文献

[1] 金捷,陈敏,刘玉英,等. 涡轮基组合循环发动机[M]. 北京:国防工业出版社,2019.

[2] SOSOUNOV D S. Introduction and Overview:research and development of Ram/Scramjets and Turboramjets [C]//Russia:AGARD lecture series 194.

[3] KUCZERA H, SACHER P, KRAMMER P. SANGER and the German Hypersonics Technology Programme[R]. IAF − 91 − 198,1991.

[4] KANIA P. Latest Result in Hypersonics Technology. IAF − 94 − V. 4. 547, 1994.

[5] KUCZERA, HERIBERT. The German hypersonics technology programme-status 1993 and perspectives [C]//5th International Aerospace Planes and Hypersonics Technologies Conference,1993.

[6] German Federal Ministry for Research and Technology (BMFT), Hypersonic Technology Programme,Interim Report Phase I [R]. I-ssued by BMFT Monitoring Group,IAB GmbH,Ottobrunn,Germany,1990.

[7] HIRSCHEL E H, HORNUMG H G, MERTENS J, et al. Summary of the principal features and results of the BMFT study entitled Determining Key Technologies as Starting Points for German Industry in the Development of Future Supersonic Transport Aircraft with a View to Possible Hypersonic Aircraft Projects[R],BMFT LFF9694/8681,1987.

[8] WALKER S, MING T, CAESAR M. TBCC propulsion for a Mach 6 hypersonic airplane [C]//16th AIAA/DLR/DGLR International Space Planes and Hypersonic Systems and Technologies Conference,2013.

[9] XIANG H, LIU Y, QIAN Z S. Aerodynamic design and numerical simulation of over-under turbine-based combined-cycle(TBCC)inlet mode transition[J]. Procedia Engineering,2015,99:129 − 136.

[10] KOELLE D. Advanced Two-Stage Vehicle Concepts (SANGER) [R]. AIAA 90 − 1933,1990.

[11] WEINGERTNER S. SÄNGER:The reference concept of the german hypersonics

technology program [C]//5th International Aerospace Planes and Hypersonics Technologies Conference,1993.

[12] SACHER P W. The Engineering Design of Engine Airframe Integration for the SÄNGER Fully Reusable Space Transportation System [R]. Aerospace Consulting RTO – EN – AVT – 185,2010.

[13] KOELLE D E, KUCZERA H. SANGER Progress [R]. IAF – 90 – 175,1990.

[14] HOEGENAUER E, KOELLE D. Saenger:The German aerospace vehicle program[C]//AIAA National Aerospace Plane Conference,1989.

[15] KUCZERA H, HAUCK H. The German Hypersonics Technology Programme[R]. IAF – 92 – 0867,1992.

[16] KUCZERA H, HAUCK H, KRAMMER P, et al. The German Hypersonics Technology Programme Status and Perspectives [R]. IAF – 93 – V. 4. 629,1993.

[17] WALTHE R. Review of the German Hypersonic Research and Technology Programme[C]//Proceedings published by BMFT,1991.

[18] KUCZERA, HERIBERT, HELMUTH H. The German hypersonics technology programme[C]//AlAA 4th International Aerospace Planes Conference, 1992.

[19] N. Voss. German Hypersonic Technology Programme Phase C [C]// Hydrogen Ramcombustor Technology, Bad Honnef,1993.

[20] KANIA P. The German Hypersonics Technology Program-Overview [C]//International Aerospace Planes and Hypersonics Technologies, 1995.

[21] SUTTON G P, BIBLARZ O. Rocket Propulsion Elements:9th Edition [M]. Wiley, America,2016.

第4章 气动技术研究工作

4.1 概　　述

　　"桑格尔"飞行器在飞行过程中经历的流动环境范围十分宽广，不同区域的流动状态差异很大，气动设计面临前所未有的挑战。研究人员与相关研究机构开展了广泛的合作，在气动热力学机理、气动性能数值预测方法、风洞试验技术等方面开展了大量的研究，为"桑格尔"气动设计提供支撑。"桑格尔"飞行器采用一子级背负二子级构型；总体来看，一子级飞行器采用翼身融合设计，前体与进气道、后体与尾喷管进行了一体化设计；二子级飞行器与美国航天飞机轨道级、法国Hermes较为相似，均采用翼身组合体设计，具有较高的升阻比特性、更高的进场升力和更大的气动效能。

4.2　研究工作总体规划

4.2.1　研究阶段规划

　　在德国高超声速技术计划构架下，研究人员对满足宽域高超声速飞行的气动外形方案，进行了长期而深入的探索。总体来看，"桑格尔"方案气动方面的研究工作涵盖了气动外形设计、气动基础理论方法研究、试验技术研究三部分。根据德国高超声速技术计划研究阶段划分，每个研究阶段中，气动方面的研究内容如下。

　　（1）1a阶段（1988—1990）：方案设计及技术探索阶段。重点开展了外形方案设计，并围绕气动外形设计中存在的问题开展了基础理论方法与技术的探索研究，发展了概念设计方法和近似算法的基本模型。

（2）1b阶段（1990—1992）：方案细化及地面试验阶段。重点开展一子级机体/推进一体化设计和级间分离设计，建立气动性能评估方法和工具，加工风洞模型并开展风洞试验，验证力、热和载荷近似分析方法以及高精度数值计算方法，并建立相关数据库。

（3）1c阶段（1992—1995）：系统集成及试验飞行器论证阶段。考虑技术可行性和经费预算，计划通过飞行试验重点验证一子级机体/推进一体化设计问题，主要针对试验飞行器开展了相关设计分析。

4.2.2 参研机构

在整个气动热力学系统设计工作中主要由德国团队主导，并开展了广泛深入的国际合作，研制工作主要分工如图4.1所示。德国国内主要团队涵盖了德国宇航公司（DASA）、德国航空航天中心（DLR）、梅塞施密特-伯尔科-布洛姆公司（MBB）等，国外合作团队包括挪威CFD公司、瑞典航空研究所（FEA）、瑞典萨博-斯堪尼亚（SAAB-Scania）公司、瑞典航空研究所（FFA）、法国宇航公司（Aerospatiale）、俄罗斯中央航空发动机研究院（CIAM）、俄罗斯中央气动热力学研究所

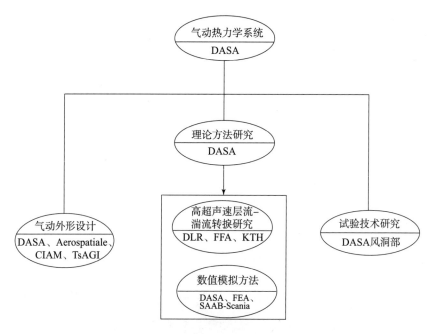

图4.1 气动热力学系统研制工作主要分工

（TsAGI）、瑞典皇家理工学院（KTH）等，基本覆盖了欧洲整个航空航天工业领域。此外，在研究过程中诸多高校参与其中，包括亚琛工业大学、布伦瑞克工业大学、慕尼黑工业大学、慕尼黑德国联邦国防军大学、斯图加特大学等。研制分工可大致分解为基础理论方法研究、气动外形设计和试验技术研究三部分，其中基础理论方法研究主要包括高超声速层流 – 湍流转捩研究、数值模拟方法。

4.3　基础理论方法研究

4.3.1　高超声速层流 – 湍流转捩研究

德国研究人员在飞行器设计过程中意识到，飞行过程中机身、机翼和推进系统周围会发生边界层气流从层流到湍流的转捩现象，而边界层的状态将严重影响摩擦阻力、热载荷以及进气口初始气流的状态，在超声速与高超声速下这一现象将更加明显。因此，对转捩发生位置与发展过程的准确预测对于"桑格尔"空天飞行器气动外形设计具有非常重要的意义。对此，德国航空航天中心与瑞典航空研究所和瑞典皇家理工学院在高超声速层流 – 湍流转捩机理及其预测方面开展了长期的合作研究。

瑞典航空研究所最初对一些简单物体的边界层进行了详细研究，如平板、锥体等，利用已有的方法探测其极限，特别是高超声速下的极限。瑞典皇家理工学院流体物理系的研究人员基于线性转捩理论对高超声速下的锥体气流进行了研究，研究中他们采用了一个半角为 5° 的锥体，飞行速度略高于 $Ma5$，除了转捩的绝对位置有所偏差外，基本可以准确预测出转捩随着攻角的变化。随后，研究人员通过风洞试验对研究成果进行了验证。首批试验在 S5 风洞（直径 500 mm）中进行，飞行速度接近 $Ma3$，试验对象是一块边缘锋利、上表面质量很高的平板。取得初步成果之后，研究组又开展了系列风洞试验，试验对象是一个半角为 7° 的锥体，速度为 $Ma3$，攻角分别为 0°、1° 和 2°。风洞试验采用了一个固定喷管，在一定总温和总压条件下运行，雷诺数为 770 万。指定锥体长 500 mm，用钢制成，尖端可以更换。通过一个 1.2 mm 的高温金属丝探针对锥体进行测量，高温金属丝探针主要在下游几个位置横穿边界层，成功获得了预定的测量数据。之后，研究人员将这个 7°半角的锥体在德国航空航天中心的哥廷根罗德维奇（Ludwieg）风洞中进行了第二次试验，飞行速度为 $Ma5$，这一风洞可以在短周期模式下运行，自由湍流强度较小。锥体数据结果显示，湍流强度急速提升的部位将发生转捩，转捩区域延伸一定长度，结束于湍流强度下降的部位，整个转捩区域的范围清晰可辨。不同攻角下的雷诺数如表 4.1 所示。可以看出，当攻角为 0°时，在运行段产生了自然转捩，对应的雷诺数为 260 万～360万，而当攻角为 1°和 2°时，雷诺数随攻角变化而快速改变。

表 4.1　不同攻角下的雷诺数

攻角	雷诺数范围
0°	背风侧：260 万～360 万；迎风侧：260 万～360 万
1°	背风侧：260 万至越过锥体；迎风侧：120 万～200 万
2°	背风侧：越过锥体；迎风侧：80 万～130 万

德国航空航天中心和瑞典航空研究所在联合研究过程中，依据抛物化稳定性方程（PSE）提出了一种处理稳定性方程的新方法，可建立关于各种外部因素（自由湍流、表面粗糙度等）影响的模型，进而实现对转捩位置的预测，对方程的求解可通过计算机代码 NOLOT 利用步进式程序完成。

通过在德国罗德维奇风洞中所获得的试验数据和利用 NOLOT 代码获取分析的数据，研究人员发现了高超声速条件下转捩提前的现象。这种现象可能是由于扰动引起的，很难用简单的理论来建模，扰动可能由物体的形状缺陷、自由湍流度或风洞壁面噪声产生。通过上述基础研究，研究人员意识到静音风洞对于获取高质量的转捩数据至关重要，并在之后的工作中开展了相关研究。

4.3.2　气动性能数值预测方法研究

对气动热力学性能的准确预测对气动设计具有重要意义。气动性能预测方式一般可分为 3 类：一是依靠经验公式或者近似方法；二是 CFD 数值预测方法；三是试验方法，包括风洞试验和飞行试验。第一种方式用于初期设计阶段的概念设计过程，更准确的预测依赖数值模拟与试验。20 世纪 70 年代末以前的飞行器气动热力学性能，很大程度都要依靠风洞试验。大量的试验工作积累了大型数据库，研究机构和航空业的工程师可以利用这些数据库建立经验处理方法（数据表），并以此作为昂贵试验的补充方式进行气动系数预测。当计算机系统日益强大，计算流体力学理论日益完善后，也逐渐开展了黏性流的数值模拟方法验证。图 4.2 为气动设计工具。

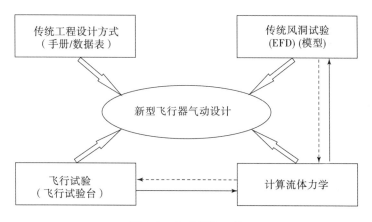

图 4.2　气动设计工具

　　"桑格尔"空天飞行器需要在大气中长时间、长距离高速飞行，气动特性变化剧烈。由于外形复杂、组合发动机内流与飞行器外流强烈耦合，因而会引起诸如激波干扰与流动转捩、复杂压缩/膨胀以及黏性干扰，高温真实气体效应、高空稀薄气体效应等异常复杂的流动状态。对于"桑格尔"空天飞行器气动性能的预测，由于当时可用的地面试验设施能力有限，地面风洞试验很难较为准确地模拟真实飞行条件，模型尺度效应、雷诺数效应修正难度大。要获取可靠的气动数据，唯一的方法就是进行飞行试验，但是飞行试验不仅价格昂贵，而且耗用时间比较长。因此，研究人员意识到必须大力发展数值模拟工具来进行气动性能的预测，依靠计算流体力学方法进行更精确的分析。此外，数值流场计算在理论上可以模拟每种飞行状态，如各种大气参数下或风洞条件下的自由飞行条件，而风洞试验由于受到建造条件的约束，其覆盖性受到一定的限制。

　　研究人员首先利用风洞试验建立了数据库；然后利用数据库校验数值模拟方法，逐步模拟最终接近真实气体效应、表面辐射冷却、飞行条件下真实飞行雷诺数等,渐进式解决操纵面气动热力学性能预测数值模拟问题。然而在当时,直接将"桑格尔"一子级构型作为风洞模型使用存在大缩比后带来制造及数据精度问题。因此,工程师们决定设计一种简化构型,既便于制造,又利于进行数值研究。这种简化的构型命名为 GRETA。模型长 440 mm,翼展长 178.4 mm,采用钢制成,具有模块化结构。共加工了两个风洞模型,第一个模型为测力模型,用于气动力和力矩测量,对模型指定边缘严格的制造精度要求,如翼尖和后缘前缘半径小于 0.01 mm;第二个模型为测压模型,模型上有测压孔,用于测量模型表面压力分布。测力和测压模型大小相同。

　　1990 年,瑞典航空研究所基于 GRETA 模型开展了风洞试验研究,包括超声速风洞 S4 和 S5,以及高超声速风洞 HYP500。图 4.3 用于开展数值模拟方法研究的 GRETA 构型。在 S4 和 S5 风洞中,开展了 $Ma0.7 \sim 3$ 条件下的测力试验,获得了模型表面气动力和力矩数据;在 HYP 风洞中,开展了 $Ma4.0 \sim 7.15$ 条件下的测压试验,获得了模型表面的压力分布数据。基于这些试验研究,瑞典航空研究所采用有限体积法开发了一种数值仿真方法,包括求解器 EURANUS、网格生成器 FFANET 和图形软件 FlowView。其中,EURANUS 是一种用于结构化网格的多网格、多模块、求解 N-S 方程的求解器,拥有欧拉近似法选

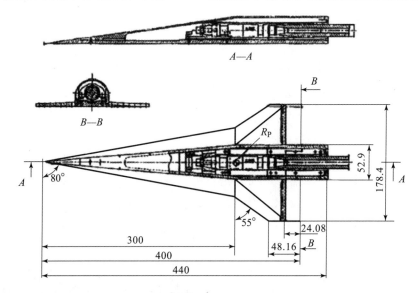

图 4.3　用于开展数值模拟方法研究的 GRETA 构型

项、多种求解精度、不同湍流模型和其他功能。研究人员用了 11 个模块创建了一个精细的结构网格，共有 150 万 ~ 170 万个网格单元，确保有网格单元覆盖翼尖和后缘区域，以此来模拟舵面前缘和后缘有限的厚度。研究人员将典型点数值仿真结果与试验结果进行了对比，结果表明总升力和俯仰力矩基本一致，但阻力预测准确性较差。

与此同时，挪威 CFD 公司与 SAAB 公司也开展了数值模拟方法相关研究。1991 年，挪威 CFD 公司基于 GRETA 构型对数值计算软件进行了多轮开发和迭代。研究人员对正负襟翼下的升力系数、阻力系数和俯仰力矩系数进行了计算，并与瑞典航空研究所的风洞试验结果进行比较，结果表明与试验结果基本吻合。但当襟翼偏角较大时，操纵面上黏性效应的重要性就增大，而计算值也开始略微偏离试验值。此后，研究人员尝试通过襟翼区域的网格细化以及改进湍流模型来减小仿真与试验的偏差。萨博 – 斯堪尼亚公司以一种中心差分有限体积法为基础，利用显式时间步的 N – S 方程计算了 GRETA 风洞模型周围的流场。计算中采用了一种结构化的单模块网格，平面网格面垂直于机身轴线，横流平面为 O 形网格。对气动系数的计算值与试验值进行了比较，升力系数、俯仰力矩系数吻合良好，但阻力系数有一定差异。

德国通过与多个合作伙伴开展大量深入的研究工作，使欧拉方程和 N – S 方程的数值方法得以成熟，能够模拟复杂航天飞行器绕流流场，除了流动细节，还得到了作用在飞行器上的总力和力矩，气动力系数的精度得到提高。图 4.4 所示为"桑格尔"一子级流场模拟（N – S 解）。选定自由飞行状态自由流条件为 $Ma4.5$，攻角为 6°，雷诺数为 2.6×10^8，温度 $T = 222$ K，高度 $H = 26$ km。机翼襟翼（升降舵）向下偏转 5°。流动视为完全湍流，壁面设置为辐射绝热壁，其辐射系数为 0.85。

表面摩擦力线表明，在机翼开始分离时，形成众所周知的三角翼背风涡。此外，在凹槽侧向边界流动分离，并再次形成涡。双三角翼前缘、垂尾前缘以及凹槽后端面，这三处都是高温区，凹槽后端面是由于来自凹槽边缘涡的冲击导致的高温。通过对数值模拟的三维流场压力和剪切应力场积分，可以计算出纵向或横航向的静态气动力系数。表 4.2 列出了"桑格尔"一子级构型（4/92）绕流的 N – S 求解结果。

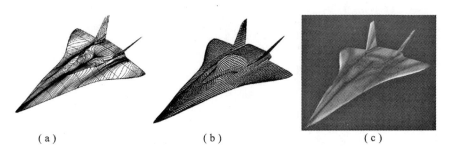

（a）　　　　　　　　　　（b）　　　　　　　　　　（c）

图 4.4　"桑格尔"一子级流场模拟（N–S 解）

（a）背风面表面摩擦力线；（b）数值模拟表面网格；（c）背风面表面摩擦力线和表面温度

表 4.2　"桑格尔"一子级构型（4/92）绕流的 N–S 求解结果

风洞条件	C_L	C_D	L/D	C_m
条件 1	0.064 90	0.012 00	5.425	− 0.001 47
条件 2	0.046 68	0.013 62	3.426	− 0.001 57

注：条件 1，自由飞行，全湍流：$Ma4.5$，攻角 6°，雷诺数 2.6×10^8，$T =$ 222K，$H = 26$ km；条件 2，风洞，层流，$Ma6.83$，攻角 6°，雷诺数 0.403×10^6。

4.4　气动设计方案

4.4.1　设计任务

"桑格尔"两级入轨飞行器面临着复杂的飞行环境。"桑格尔"一子级飞行高度为 0 ~ 31 km，最大飞行速度将达到 $Ma6.8$；二子级则需要穿越大气层，最大飞行速度将达到 $Ma25$。宽速域、大空域的飞行特征为其宽域高升阻比气动外形设计带来了极大的挑战。根据"桑格尔"飞行剖面，"桑格尔"团队对飞行动压、雷诺数、努森数等约束气动设计的相关参数进行了分析。

典型飞行器动压 – 飞行速度曲线如图 4.5 所示，动压最高超过 150 kPa，而低动压在 10 kPa 以内，出现跨量级的改变，这也为宽域气动外形设计带来了很大的困难。

"桑格尔"空天飞行器雷诺数（Re）随飞行高度、飞行速度的变化曲线如图 4.6 所示。"桑格尔"一子级在整个空域范围内单位雷诺数约

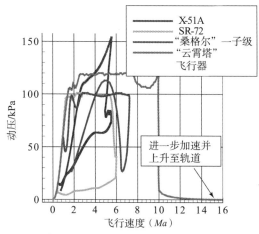

图 4.5　典型飞行器动压 – 飞行速度曲线（见彩插）

$1 \times 10^8 \sim 1 \times 10^9$，二子级在高空域（60 km 以上）爬升时雷诺数下降很快，到 70 km 以上时基本在 10^6 以下。雷诺数的改变会跨越几个量级，这会显著影响边界层的发展及转捩位置，对气动性能及其设计产生重要影响。

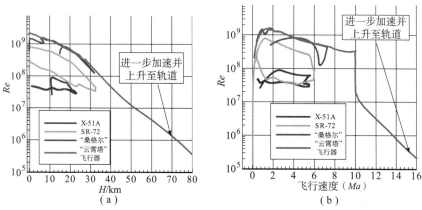

图 4.6　"桑格尔"空天飞行器雷诺数（Re）随飞行高度、

飞行速度的变化曲线（见彩插）

（a）雷诺数 – 飞行高度；（b）雷诺数 – 飞行速度

图 4.7 给出了最小尺寸（前缘半径 0.5 ~ 2.5 mm，这里以 1 mm 为例）和最大尺寸（长度）为特征长度的典型飞行器努森数（Kn）随高度的变化曲线，飞行高度越高，最小尺寸对应的 Kn 数也越大。当二子级到 80 km 的高空时，绕流场大部分区域都不能认为是连续流，因此需要考虑稀薄气体效应的影响。

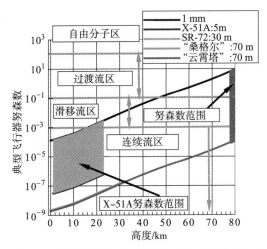

图4.7　典型飞行器努森数（Kn）随高度的变化曲线（见彩插）

在气动设计中，升阻比是反映气动性能的重要参数。为了获得较大的运载能力以及较远的航程，"桑格尔"空天飞行器在气动设计中需要尽量满足全速域下的高升阻比要求。此外，图4.8给出了"桑格尔"空天飞行器气动外形设计约束需重点关注的问题，包括高超声速黏性相互干扰、涡流与边界层的相互干扰、尾流干扰、气流分离等。

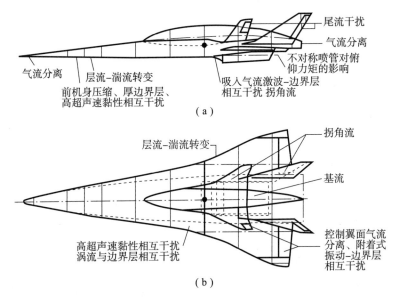

图4.8　"桑格尔"空天飞行器气动外形设计约束

（a）侧视图；（b）俯视图

4.4.2　一子级外形设计

对于一子级的宽速域高升阻比气动外形设计，高低速外形特征存在矛盾：亚声速高升阻比气动外形特征为大展弦比平直翼、钝前缘，而超/高超声速高升阻比气动外形特征则是小展弦比大后掠角机翼、尖前缘，并且随着马赫数越大飞行器长细比越大，即尖头机身、机头和尖锐前缘。这一理念上的矛盾为一子级气动外形的设计带来了极大的挑战，这意味着必须首先对低速外形或高速外形进行取舍。研究人员最终基于高速外形设计理念对一子级进行了基本设计，并在此基础上考虑低速特性对其进行了修正。

在一子级的外形设计过程中，由于高超声速条件下气动外形和发动机进排气高度耦合，两者已经合为一体，必须进行机体/推进一体化设计。此外，起落架站位布局对气动外形提出了非常严格的装载要求，同时前起落架布局对发动机进气品质还可能存在不利的影响。因此，一子级外形在与组合动力发动机的一体化设计时，还考虑了起落架收纳。

为实现推进系统与机身一体化设计，现有飞行器通常采用 3 种构型：一是轴对称发动机短舱安装在机翼上方或者下方的挂架上，限于亚声速飞行，如民用运输机；二是轴对称发动机整合到机翼内，如 SR－71；三是发动机完全整合到机身内，如军用单发战斗机。"桑格尔"一子级采用第三种方案，将 5 个发动机并联布置于机身腹部。为实现最小的整体阻力和最大净推力，将推进系统作为机身的一部分，前体和进气道一体化设计，使飞行器前体为发动机进气道前方的机身下部区域产生重要的预压缩效应。预压缩效应可在高速情况下增大流量，增强净推力。图 4.9 为"桑格尔"一子级推进系统与机身的一体化设计。

但在这种布局形式下，飞行器推力作用线不通过飞行器重心，这将导致产生纵向力矩，需要通过舰面偏置加以平衡。研究表明，"桑格尔"空天飞行器发动机所产生热态力矩与气动界面下冷态力矩具有同样的量级。当时，通过大量的流体力学计算对作用在飞行器尾部的单边膨胀喷管（SERN）合成推力矢量进行了评估。计算时考虑了黏性效应和真实气体效应。研究人员根据不同飞行条件下的不同喷管形状，确定了围绕重心的纵向力矩（这些力矩对应于推力矢量角）。结果表明，当马赫数小于 3 时，推力矢量角为负值。这就意味着会产生一个不稳定的抬

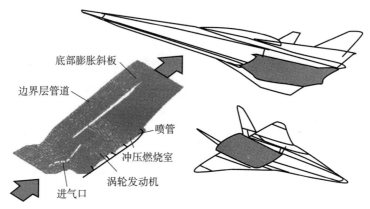

底部膨胀斜板

边界层管道

喷管

冲压燃烧室

涡轮发动机

进气口

图4.9 "桑格尔"一子级推进系统与机身的一体化设计

头力矩。当马赫数大于3时,推力矢量角略大于零。

　　设计人员首先考虑采用偏置升降舵的方法来平衡抬头力矩,但这种方式会产生额外升力,且会产生额外的阻力(诱导阻力)。因此,设计人员最终是通过改变一子级机身弧线形状来平衡发动机产生的力矩。图4.10和图4.11给出了飞行器和推进系统一体化产生的力矩,以及由此产生的机身与推进系统的总力矩。进气和排气系统所产生的力的作用方

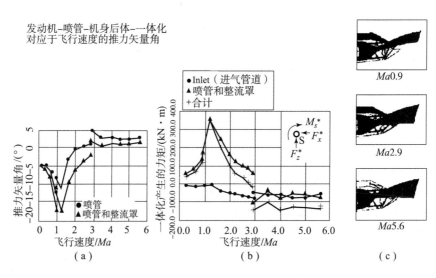

图4.10 在不同飞行速度下发动机的推力矢量角和一体化产生的
力矩以及尾喷管的变化

(a)推力矢量角随飞行速度的变化;(b)一体化产生的力矩随飞行速度的变化;
(c)不同飞行速度下尾喷管的变化

向并不相同。对于进气系统，由于进气道位于重心下方，捕获的气流在所有的工作状态下，均会产生一个抬头力矩。对于排气系统，低速（跨声速与超声速）与高超声速下的情况有所不同。在跨声速和低超声速条件下，机尾向下的作用力有助于抵消机身上强大的低头气动力矩，飞行器纵向总力矩便处于可控状态；在高速情况下，机身会产生一个微小的抬头力矩，这可以用进排气系统的低头力矩加以平衡，即使是在发动机失效的情况下，机身产生的力矩也能保持在稳定状态（低头）。

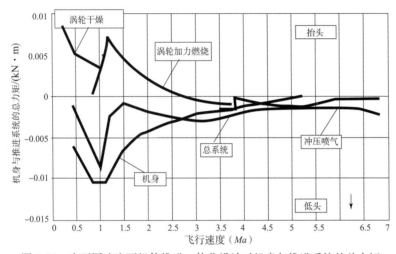

图 4.11　在不同速度下机体推进一体化设计时机身与推进系统的总力矩

从总体来看，一子级飞行器采用了翼身融合设计提高升阻性能，且前体尖锐以减小飞行器阻力，尤其是超声速阻力。前体与进气道进行了一体化设计，通过前体预压缩提升进气道来流品质；后体与尾喷管进行一体化设计，尾喷管采用半壁喷管，减小底部面积，很大程度减小了飞行器底阻。机翼为 S 形平面，能够较好兼顾超声速和亚声速升阻特性。操纵性方面，在 S 形翼面后缘设计升降舵面和副翼，以控制飞行器俯仰和滚转，后体上方设计两个 V 形方向舵面，以控制飞行器偏航。

"桑格尔"一子级升阻系数随攻角的变化曲线如图 4.12 所示。升力系数呈非线性特征，这是三角翼的典型特性，升力系数的非线性特征是背风涡形成使背风面压力降低所致。随着马赫数增大，非线性特性消失，升力系数曲线斜率也呈现严格的线性特性。此外，随着马赫数增大，升力系数曲线斜率也不断减小（跨声速区除外）。零度攻角时阻力最小，在跨声速区域阻力增大，而在高超声速再次减小。

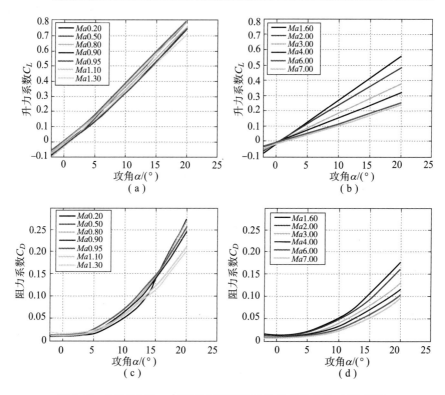

图 4.12 "桑格尔"一子级升阻系数随攻角的变化曲线（见彩插）

（a）亚跨声速升力系数 – 攻角；（b）超声速升力系数 – 攻角；

（c）亚跨声速阻力系数 – 攻角；（d）超声速阻力系数 – 攻角

"桑格尔"一子级升阻比随攻角的变化曲线如图 4.13 所示。0.5 ≤

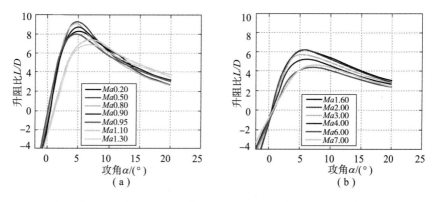

图 4.13 "桑格尔"一子级升阻比随攻角的变化曲线（见彩插）

（a）亚跨声速升阻比 – 攻角；（b）超声速升阻比 – 攻角

$Ma \le 0.9$、攻角为 4°时，一子级升阻比最大，$(L/D)_{\max} \approx 9.5$。随着马赫数增大，一子级需要更大攻角才能达到最大升阻比，$Ma7$ 时，约在攻角 7°时达到最大升阻比，此时最大升阻比约为 4.5。

"桑格尔"一子级俯仰力矩系数随攻角的变化曲线如图 4.14 和图 4.15 所示。一子级在整个马赫数范围内均是纵向静稳定的。俯仰力矩系数的斜率（稳定程度度量指标）在跨声速时最大，在高超声速时最小。当攻角为正时俯仰力矩为负，需要升降舵偏置一定角度产生抬头力矩以实现配平。

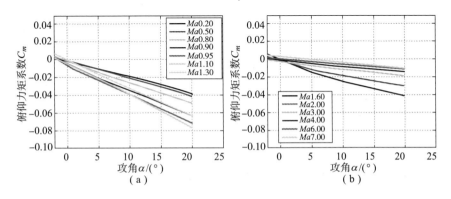

图 4.14　"桑格尔"一子级俯仰力矩系数随攻角的变化曲线
（力矩参考点 $X_{\mathrm{ref}} = 0.65L_{\mathrm{ref}}$）（见彩插）

（a）亚跨声速俯仰力矩系数 - 攻角；（b）超声速俯仰力矩系数 - 攻角

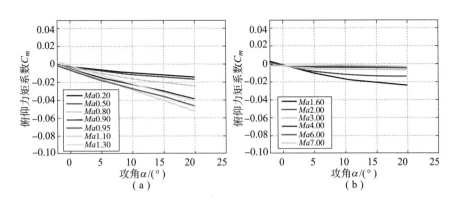

图 4.15　"桑格尔"一子级俯仰力矩系数随攻角的变化曲线
（力矩参考点 $X_{\mathrm{ref}} = 0.68L_{\mathrm{ref}}$）（见彩插）

（a）亚跨声速俯仰力矩系数 - 攻角；（b）超声速俯仰力矩系数 - 攻角

4.4.3　二子级外形设计

二子级气动布局设计的最终目的是满足载荷装载空间要求、飞行轨迹约束，并具有较小的气动加热值，从而减轻对热防护系统的要求。上述约束条件决定了二子级气动布局设计规律与设计要求，主要包括升阻比、最大升力系数与气动热环境等方面。

在升阻比方面，升阻比是影响再入机动飞行能力的关键因素，升阻比越大，机动航程也就越大，但其存在累计加热量过高的问题，这将在一定程度上增加结构热防护方面的负担。为了获得更高的升阻比，通常需要改变二子级的气动外形特征，意味着飞行器将更"扁"，这将造成飞行器有效载荷装载空间的减小。因此，应在一定范围内提高二子级的升阻比，但是并不能一味地以升阻比最大化为唯一目标，仍需要考虑气动加热、有效载荷装载空间等方面的约束。

在最大升力系数方面，采用最大升力系数飞行可获得更大的爬升率，迅速飞离稠密大气，从而将具有更少的累计加热量，更容易满足二子级实际任务中对飞行器表面与内部温度的要求。二子级最大升力系数越大，则横向机动能力越强，能够覆盖的轨道倾角越大。但是，当最大升力系数大于一定值之后，机动性能的提升趋势迅速变缓，若再继续提升最大升力系数，将面临改变二子级气动外形或者改变飞行条件等其他问题。同时，还伴随着结构质量增大、有效载荷装载空间减小和更严重的气动加热等复杂问题。因此需要考虑升力系数进行合理设计。

在热载荷最小方面，热载荷是飞行器壁面处气体向壁面传递的热量。在飞行器头部、迎风面以及可能存在的机翼前缘等位置，需要采取热防护措施将通过壁面导入的热量吸收，从而保证二子级内部壁面温度不超过允许值，减少进入舱内的热载荷，这样就会导致热防护材料的质量在飞行器总质量中占有相当比例。除此之外，背风面布置的天线、电池片这类器材通常不能承受高温。因此，需要在几何外形设计阶段加入对于热载荷的考虑，保证二子级所承受的气动加热保持在合理范围内，这样利于热防护系统的设计与优化。

"桑格尔"二子级与美国航天飞行轨道级和法国"使神"号相似，均采用翼身组合体设计，具有较高的升阻比特性、更高的进场升力和更大的气动效能。图 4.16 为"桑格尔"二子级外形。其背风面考虑装填要求、封闭性及内部布置需求，能提供很好的装填空间，增大有效载荷装载能力，提高体积利用率；采用体襟翼、升降副翼和方向舵以及气动减速装置，气动可控性高。另外，考虑到飞行器的防热需求，该飞行器在机身头部采取钝头体设计，机身受热并不严重，机翼及控制舵面上均采用钝化前缘设计，以解决此类局部的防热问题。但是，"桑格尔"二子级设计理念与航天飞机轨道器也有所不同。"桑格尔"二子级是通过翼梢小翼和安装在翼梢小翼后部的方向舵控制获得横向稳定性，而航天飞机轨道器为了实现此功能，使用了中央垂尾。与中央垂尾（下降至约30 km 的高度有效）相比，翼梢小翼设计的优点在于，在再入过程中翼梢小翼可更早产生气动效能（在约70 km 的高度）。这是因为在再入过程中迎角较大，使中央垂尾大多位于高超声速阴影区。因此，航天飞机轨道器的横向稳定性必须由反作用控制系统控制（下降到约30 km 高度），而"桑格尔"二子级构型采用翼梢小翼设计，其横向稳定性无须采用反作用控制系统控制。图 4.17 为典型翼身组合体构型的飞行器。

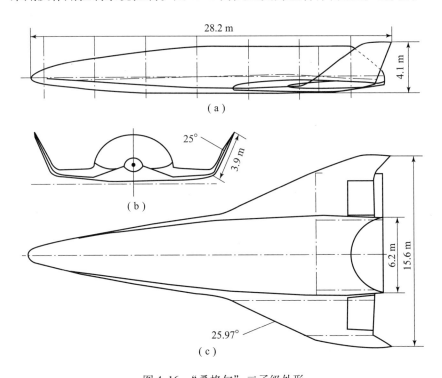

图 4.16　"桑格尔"二子级外形

（a）侧视图；（b）正视图；（c）俯视图

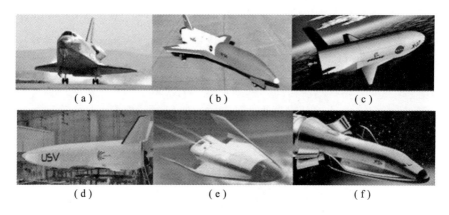

图 4.17　典型翼身组合体构型的飞行器

（a）美国航天飞机轨道器；（b）X－34 飞行器；（c）X－37B 飞行器；

（d）PRORO－USV 飞行器；（e）HOPE－X 飞行器；（f）"使神"号飞行器

4.4.4　组合体气动性能

　　"桑格尔"空天飞行器组合体（图 4.18）气动性能与单独一子级极为相似，如图 4.19 和图 4.20 所示。尽管如此，依然存在一些细微差别，特别是在攻角大于 10°时，亚跨声速升力较低，此外组合体纵向静稳定度略有下降。

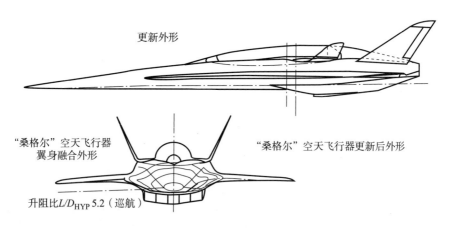

图 4.18　"桑格尔"空天飞行器组合体

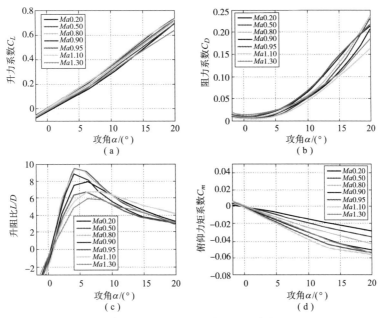

图 4.19　亚跨声速气动性能参数随攻角的变化曲线（力矩参考点 $X_{\mathrm{ref}} = 0.65L_{\mathrm{ref}}$）（见彩插）

（a）升力系数 – 攻角；（b）阻力系数 – 攻角；（c）升阻比 – 攻角；（d）俯仰力矩系数 – 攻角

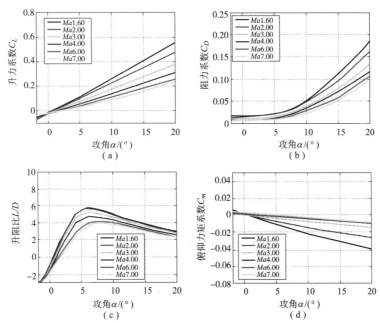

图 4.20　超声速气动性能参数随攻角的变化曲线（力矩参考点 $X_{\mathrm{ref}} = 0.65L_{\mathrm{ref}}$）（见彩插）

（a）升力系数 – 攻角；（b）阻力系数 – 攻角；（c）升阻比 – 攻角；（d）俯仰力矩系数 – 攻角

由于采用二子级背负式设计，所以在相同机身长度下，组合体最大截面积几乎增加了1倍。图4.21给出了零升阻力系数随飞行速度的变化曲线。对比有无二子级情况，在亚跨声速时，由于受黏性效应影响，二子级产生的附加阻力增量较小，然而在超声速和高超声速条件下，二子级导致波阻迅速增加，二子级产生的附加阻力增量较大。

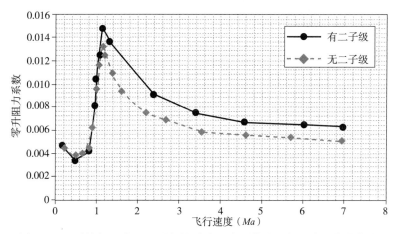

图4.21 "桑格尔"有无二子级的零升阻力系数随飞行速度的变化曲线

经过精心设计与优化迭代，最终获得了较好的升阻比特性，在 $Ma4.5$ 条件下一子级最大升阻比约为5.5，组合体约为4.4。将"桑格尔"与当时典型的飞行器进行了对比，最大升阻比随飞行速度的变化曲线如图4.22所示。

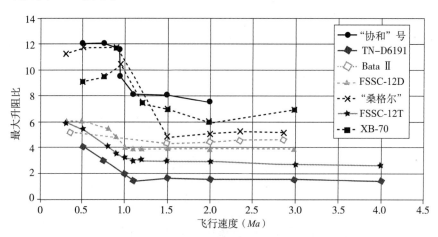

图4.22 典型飞行器最大升阻比随飞行速度的变化曲线

图 4.23 给出 3 种典型攻角（-1°、0°、5°）时"桑格尔"组合体的纵向静稳定度随飞行速度的变化曲线。结果显示，亚声速时，组合体纵向静稳定度约为 4%，超声速时（$Ma1.2$），组合体纵向静稳定度增加，约为 8%；高超声速时（$Ma6 \sim 7$），随马赫数的增加和攻角的增大而变得静不稳定。

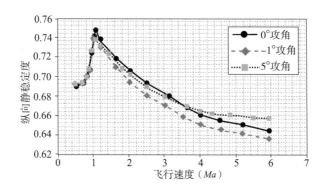

图 4.23　"桑格尔"组合体在不同攻角下纵向静稳定度随飞行速度的变化曲线

横向气动特性方面，单位侧滑角的侧向力系数 Cy 随飞行速度的变化曲线如图 4.24 所示，声速附近侧向力系数最小，然后随马赫数增大而增大。刚度系数随攻角的变化曲线如图 4.25 所示，一子级的滚转力矩导数为负，并随着攻角增大而减小，随着马赫数增大而增大，这种特性表明

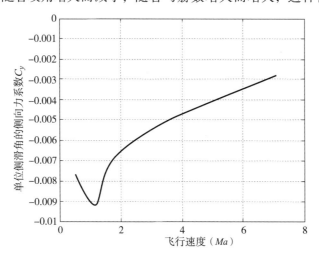

图 4.24　单位侧滑角的侧向力系数 Cy 随飞行速度的变化曲线
（力矩参考点 $X_{ref} = 0.65 L_{ref}$）

滚转运动受到阻尼。偏航力矩导数为正，呈现方向稳定性，随着马赫数增大稳定程度减小，因此当发生偏航扰动时，飞行器总是旋转到迎风侧，而侧向力为负，且该力作用线位于参考点之后，则飞行器可保持稳定。

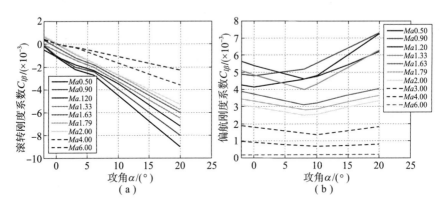

图 4.25　刚度系数随攻角的变化曲线（力矩参考点 $X_{ref} = 0.65L_{ref}$）（见彩插）

（a）滚转刚度系数 – 攻角；（b）偏航刚度系数 – 攻角

4.4.5　两级分离方案

两级分离的任务是在飞行速度 $Ma6.8$ 和高度 31 km 条件下完成一子级和二子级的安全分离，两级分离过程及其风洞试验模拟如图 4.26 所示。

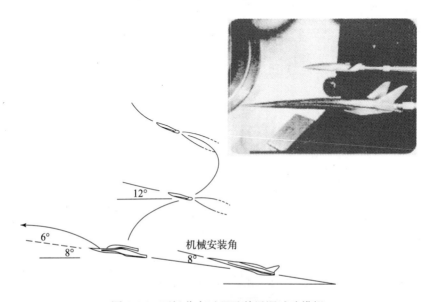

图 4.26　两级分离过程及其风洞试验模拟

　　图 4.27 展示了安装在德国科隆 DLR 高超声速风洞 H2K 的级间分离风洞试验与级间分离过程示意图。分离过程中，"桑格尔"系统的两级气动特性预测是一项极具挑战性的任务，因为两级的流场之间会产生很强的互相干扰，主要是激波和涡的相互干扰。图 4.28 是级间分离风洞试验纹影与级间飞离流场仿真。结果显示，两者的流场吻合很好。

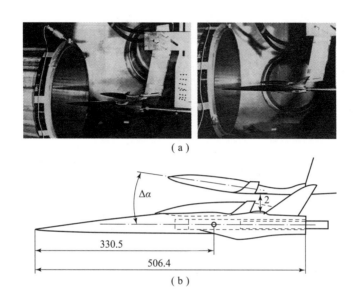

（a）

（b）

图 4.27　高超声速风洞 H2K 的级间分离风洞试验与级间分离过程示意图

（a）级间分离风洞试验；（b）级间分离过程示意图

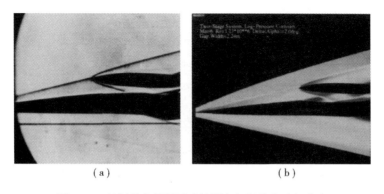

（a）　　　　　　　　　　　（b）

图 4.28　级间分离风洞试验纹影与级间分离流场仿真

（a）级间分离风洞试验纹影；（b）级间分离流场仿真

4.5　风洞试验技术研究

通常新型飞行器的研制需要开展数值模拟、风洞试验和足尺模型飞行试验，以完成集成验证。其中，风洞试验是预测飞行器气动性能，获取飞行器设计所需关键气动数据的主要手段之一，与飞行试验拥有相同的重要地位。一方面风洞试验数据不仅可以验证理论分析和数值模拟方法的有效性；另一方面，风洞试验是飞行器在地面获取某些重要数据的唯一途径，可为飞行试验的顺利进行提供重要支撑。

4.5.1　地面试验的任务要求

风洞试验是通过复现真实飞行环境中各种复杂的飞行状态，研究气体流动与飞行器模型之间的相互作用，从而获取飞行器空气动力学特性。图4.29给出了"桑格尔"两级入轨空天飞行器在不同飞行状态下的主要流动现象。

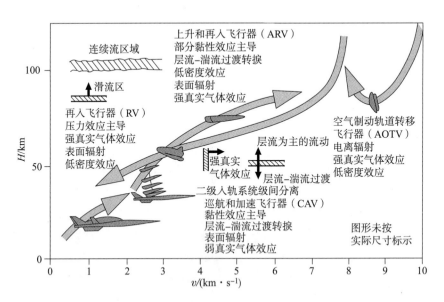

图4.29　"桑格尔"两级入轨空天飞行器在不同飞行状态下的主要流动现象

实际上，风洞设备一般难以完全复现所有的真实飞行状态，其重点在于建立模块化的缩尺试验，来验证数值计算的结果，并支持飞行试验。根据对飞行状态复现程度的不同，风洞设备的试验条件通常分为"复现（duplication）""再现（replication）"和"模拟（simulation）" 3种状态。"复现"是指试验环境与飞行环境的所有方面都是匹配的，这是地面试验的根本目标，但这几乎是不可能的；"再现"是指试验介质的温度、压力、速度和化学组分与飞行介质的匹配，这些环境参数相对容易实现，但当速度增加时，依旧变得十分困难；"模拟"是指飞行中某些重要物理过程在地面试验中的再现。

由于多方面的复杂原因，地面设备在飞行复现或再现方面总是存在缺憾，尤其是 $Ma8$ 以上情况。例如，在宽范围条件下，试验气流存在非均匀性；由于试验气体受到快速的喷管膨胀，缺乏平衡基础；由于侵蚀，来自设备表面的流动被污染；影响边界层转捩的声学和焓值波动；不恰当的表面粗糙度和催化特性；脉冲设备存在的试验时间不足；模型的运动，尤其在脉冲设备中；来自模型安装部件或风洞壁的干扰。因此，在通常情况下，能实现的总是某些模拟状态，这就需要对那些不能完全复现或再现的参数的重要性进行评估，以便能更准确地换算。

风洞试验中所要复现的主要环境参数依据所完成的试验类型而不同，表4.3列出了一般情况下气动系统对地面风洞试验模拟的需求。多数情况下，飞行器的稳定性和气动热载荷能够在低焓设备中通过模拟流动的马赫数、雷诺数以及壁面温度与总温的比值等参数来评估。但是，研究真实气体效应，就必须在完全复现的飞行条件下用全尺寸试验模型进行试验。

表4.3　一般情况下气动系统对地面风洞试验模拟的需求

项目	飞行器载荷/稳定性	气动热载荷	真实气体化学效应	防护罩、外挂物、级间分离
试验需求	升力、阻力、俯仰力矩	传热、表面摩擦和压力分布	评估流场特征、加热和飞行器稳定性	飞行器和部件轨迹
典型测量	表面压力、飞行器和部件力、纹影	压力、传热、表面摩擦、纹影	传热、压力、激光二极管、组分、温度、速度	高速照相、表面传热和压力、加速度计测量

续表

项目	飞行器载荷/稳定性	气动热载荷	真实气体化学效应	防护罩、外挂物、级间分离
模拟参数	马赫数/雷诺数	马赫数/雷诺数、T_{wall}/T_0	马赫数、总温、密度、长度	马赫数/雷诺数、动压
放宽参数	总温、流动化学	速度、流动化学	长度	速度、温度、飞行器长度
流动时间	10 ms 至数分钟	5 ms 至数分钟	50~100 ms 至数分钟	20~100 ms 至数分钟

根据复现飞行参数的不同，可将风洞试验气动性能的模拟需求分为马赫数/雷诺数模拟、速度/密度模拟、速度/高度/飞行器尺寸复现、数字/建模评估 4 个类别，如图 4.30 所示。

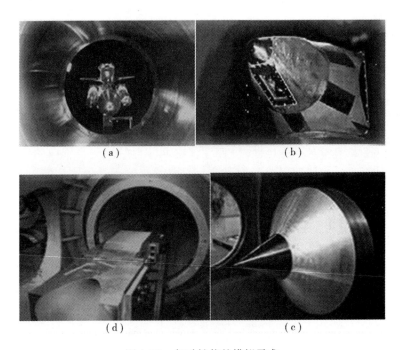

（a）   （b）

（d）   （c）

图 4.30　气动性能的模拟需求

（a）马赫数/雷诺数模拟；（b）速度/密度模拟；

（c）速度/高度/飞行器尺寸复现；（d）数字/建模评估

马赫数/雷诺数模拟是评估飞行器性能的主要方式，欧洲主要大尺寸高超声速风洞试验设备的马赫数/雷诺数能力如图 4.31 所示。图中雷诺数为 10^7 附近的直线表示在（尺寸为 2 ft 或更大的）模型上获得湍流的条件。可以看出，在高马赫数范围，能在不借助人工转捩情况下生成全湍流的风洞极少，而当大于 $Ma8$ 后，流动将存在较大的滞后效应，即使使用人工装置也很难使层流边界层发生转捩。此外，对于气动热载荷的评估，除了要模拟马赫数/雷诺数外，还需要模拟壁面与自由流驻点温度比。

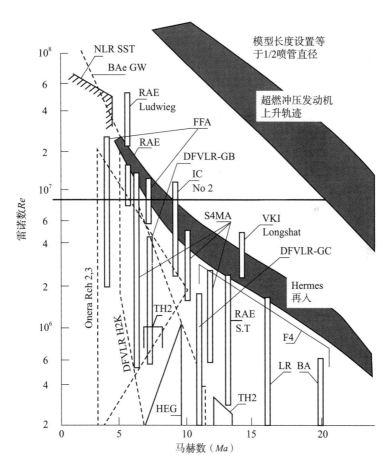

图 4.31　欧洲主要大尺寸高超声速风洞试验设备的马赫数/雷诺数能力

在速度/密度模拟中，为了较为准确地模拟速度/密度，某些试验可以放宽模拟高度的要求。然而，对于气动热载荷试验，为了准确地获得加热载荷，再现绕窗口的湍流边界层/剪切层流动的湍流特性非常重要，从而实现对转捩位置的再现。此外,真实气体效应对高超声速飞行器性能有显著影响,对这些现象的模拟必须复现总焓、密度和压力,以获得有意义的结果。

对于速度/高度/飞行器尺寸复现,为了准确评估超燃冲压发动机的性能,必须采用全尺寸试验模型并复现飞行环境。只有这样,进气道和隔离器内的复杂流动以及燃烧过程才能被准确模拟。大尺寸的污染空气试验设备和激波风洞试验设备目前能提供全尺寸飞行器试验。

上述 3 种类型的复现手段主要是为了获取飞行器的相关性能数据。除此之外,为了验证各种数值计算及建模方法的准确性,也会从不同的角度开展机理研究性的风洞试验。这类风洞试验形式不限,一般根据具体的验证目的确定,只要关键机理能在试验条件中正确模拟即可。

4.5.2 德国在风洞试验方面的研究工作

1907 年,普朗特创造性地设计出封闭循环风洞,成为现代风洞的开端和模板,并在哥廷根大学建造起了一个小型超声速风洞进行气体动力学研究和验证。1934 年,亚琛工业大学的卡尔维森伯格建造了世界上第一个暂冲式风洞,这种风洞所需要的能量较低,借助一个真空球罐,通过喷管的膨胀实现 $Ma3.3$ 的最高速度。虽然这个风洞的试验段直径仅有 10.16 cm,但它的应用将德国的超声速研究提升到当时世界的先进水平。此后,又建立起一个试验段直径为 40.64 cm、最高速度为 $Ma4.4$ 的暂冲式超声速风洞。这些超声速风洞的建立和使用,为高超声速研究提供了充分的支撑。

在高超声速技术计划项目期间,德国集中建设了一系列重要的试验设施和设备,如德国航空航天中心于 20 世纪 70 年代建造的 $Ma6\sim11$ 暂冲式风洞 H2K、20 世纪 90 年代初期建造的高焓风洞 HEG 和电弧加热设备 LBK。此外,德国还在哥廷根大学建立起了用于研究转捩区气体与表面相互作用的低密度风洞。这些试验设施的建设,提高了航空航天装备的研制效率,也使科学家、工程师的关注焦点聚集到高超声速流动所涉及的激波/膨胀波、稀薄气体流、边界层的转捩、摩擦力与气动热载荷、热密封等更为复杂的物理现象及影响机理上,为德国高超声速研究提供了丰富的技术储备。

　　研究人员认为，对利用这些试验设施获得的结果进行对比会很有意义。由于试验中采用的是不同设施和不同测量方法，试验结果在相同马赫数下重合度基本一致。表 4.4 列出了参与风洞"擂台赛"的各国机构。

表 4.4　参与风洞"擂台赛"的各国机构

TWG	德国航空航天中心在哥廷根的跨声速风洞（1989 年和 1993 年）
TMK	德国航空航天中心在科隆的跨声速风洞
H2K	德国航空航天中心在科隆的超声速风洞
S4	瑞典航空研究所在斯德哥尔摩的跨声速/超声速风洞
T1500	瑞典航空研究所在斯德哥尔摩的超声速风洞
U4 – M	俄罗斯中央机械制造研究院在加里宁格勒的超声速风洞

4.6　小　　结

　　面对人类认知尚浅的临近空间大气环境，以及结构复杂的高超声速内外流动，"桑格尔"方案不仅要求气动专业和其他专业结合得更为紧密，而且需要气动专业在设计和预测上形成新的突破。这些需求一方面给空气动力学的发展带来了难得的机遇，另一方面也给气动外形布局设计带来了严峻的挑战。"桑格尔"方案气动设计推动了以减阻增推为目标的宽速域高超声速气动外形与发动机流道一体化设计的研究，加速了高超声速转捩、湍流、燃烧、高焓、稀薄流动为核心的数学模型与流动规律研究，以及支撑上述研究所需的试验设施与测试技术研究，初步探索了以提高计算性能为核心的新一代 CFD 软件。随着高超声速技术项目的终止，对气动外形布局设计停留在地面试验验证阶段，但是，"桑格尔"项目进行过程中，大量理论研究为超声速/高超声速飞行提供了理论基础，多座风洞使用及测量技术发展为高超声速研究提供了充分的数据验证，多种气动外形布局方案可行性、低成本/可重复使用等方面研究为后续项目提供了有益参考，这些宝贵的经验为德国后来的高超声速研究提供了丰富的技术储备。

参考文献

[1] KUCZERA H,SACHER P W. 可重复使用空间运输系统[M]. 魏毅寅,张红文,王长青,译. 北京:国防工业出版社,2015.

[2] 唐志共. 航天飞行器空气动力学数据集[R]. 北京:国防工业出版社,2017.

[3] ANDERSON J D. Hypersonic and high-temperature gas dynamics second edition[M]. Virginia:American Institute of Aeronautics and Astronautics Press,2009.

[4] HIRSCHEL E H,WEILAND C. Seleted aerothermodynamic design problems of hypersonic flight vehicles[M]. Springer Berlin Heidelberg Press,2009.

[5] KUCHEMANN D. The aerodynamic design of aircraft[M]. Oxford:Pergamon Press,1978.

[6] 李素循. 典型外形高超声速流动特性[M]. 北京:国防工业出版社,2007.

[7] HIRSCHEL E. The hypersonics Technology development and verification strategy of the german hypersonics technology programme[R]. AIAA – 93 – 5072,1993.

[8] KUCZERA H, KRAMMER P, SACHER P. Sanger and the german hypersonics technology programme[R]. IAF – 91 – 198,1991.

[9] 王刚,娄德仓. 德国高超声速技术发展历程及动力系统研究[J]. 航空动力,2020,5:21 – 26.

[10] KANIA P. The German Hypersonics Technology Program-overview[R]. AIAA – 95 – 6005,1995.

[11] HIRSCHEL E H. Sanger:the reference concept and its technological requirements-Aerothermodynamics. Review of the german hypersonic research and technology programme,16/17 April,1991,born.

[12] REISINGER D,HEISER W,LERBS S,et al. The trisonic wind tunnel Munchen and its envolvement in the german Sanger-programme[R]. AIAA – 92 – 4019,1992.

[13] BERTIN J J,CUMMINGS R M. Fifty years of hypersonics:where we've

been, where we're going. Prog[J]. Aerospace science, 2003, 39(6): 511 – 536.

[14] HU R F, WU Z N, WU Z, et al. Aerodynamic map for soft and hard hypersonic level flight in near space[J]. Acta Mechanica Sinica, 2009, 25: 571 – 575.

[15] BERTIN J J, CUMMINGS R M. Critical hypersonic aerothermodynamic phenomena[J]. Annual Review Fluid Mechanics, 2006, 38: 129 – 157.

[16] AMUNDSEN R M, LEONARD C P, BRUCE W E. Hyper-X hot structures comparison of thermal analysis and flight data[C]//Fifteenth Annual Thermal and Fluids Analysis Workshop (TFAWS), 2004, Pasadena, California.

[17] HUANG Z C. Boundary layer transition for aerospace plane [J]. Aerodynamic Experiment and Measurement & Control, 1994, 8 (1): 1 – 9.

[18] 黄志澄. 空天飞机的边界层转捩[J]. 气动实验与测量控制, 1994, 8 (1): 1 – 9.

[19] KOVALEV V L, KOLESNIKOV A F. Experimental and theoretical simulation of heterogeneous catalysis in aerothermochemistry (a review) [J]. Fluid Dynamics, 2005, 40(5): 900 – 905.

第5章 结构热防护系统研究工作

5.1 概　　述

　　结构热防护系统需具备良好的强度和刚度特性，并且需要适应地面和飞行环境中的各种力、热及化学环境，为飞行器上设备创造良好的工作环境。"桑格尔"空天飞行器超高的飞行速度与超长的飞行时间，使飞行器结构热防护系统所面临的力、热环境前所未有的严酷。此外，"桑格尔"空天飞行器的功能需求、负载需求对结构热防护系统的设计提出了更高的要求，结构工程师们清晰地认识到其结构热防护系统的巨大设计难度。为了寻求一种切实可行的两级入轨飞行器结构方案，在充分借鉴已有飞行器成熟方案的基础上，以设计目标为牵引，围绕极端环境下的热结构、热防护、热稳定结构、低温贮箱技术以及相应的试验技术开展了相关研究与设计工作，成功研制出了其中的一些关键部件，如翼盒、进气道压缩面等，并进行了可行性验证，同时也完成了部分试验以获取必要的材料参数。

5.2　研究工作总体规划

5.2.1　研究阶段规划

　　结构热防护系统研究涉及除飞行器硬件/软件外的所有承载、防隔热结构。结构热防护系统研究包括方案研究、材料及基元级部件试验、关键部件制造、部件级试验、飞行器整体结构试验及飞行试验等。随着研究计划的终止，"桑格尔"空天飞行器结构热防护方面的研究工作，停步于关键部件试制。其具体的研究工作如下：

　　（1）1a阶段，开展"桑格尔"空天飞行器结构方案研究。在这个阶段中，设计人员依据飞行器的气动热环境计算出飞行器的表面温度，并据此对飞行器结构系统进行了划分，将其分为热结构（指飞行器上没有热防护层，直接暴露在外部高温下的结构，如机翼、前缘等，多采用耐高温材料制造）和冷结构（指飞行器上带有热防护层的结构），明确各部分结构系统的性能指标。与现有技术对比，探讨技术发展路径，最终将研发重点聚焦于飞行器高温热结构技术、飞行器热防护系统（TPS）及防隔热技术、飞行器低温贮箱技术上。同时，对各关键技术的技术方案进行了初步探索研究，提出若干种方案设计并进行技术迭代。

（2）1b 阶段，主要开展三方面研究工作：①针对"桑格尔"空天飞行器结构开展设计，对各基元级试验件进行试制与试验，通过试验获取各部件的热力学数据，探究结构热防护技术方案的可行性。②对"桑格尔"空天飞行器结构整体的轻量化方面展开研究，提出的解决方案包括开发高温塑胶材料和基于纤维增强陶瓷材料的一体化结构。此外，还通过测试获取单位面积的新型轻量化材料的重量、表面保护、可靠性和耐用性数据。③针对高超声速试验飞行验证机（Hytex）典型结构开展了制造与试验工作。

（3）1c 阶段，主要开展典型部件的研制验证。依据披露出的资料，为了完成"桑格尔"空天飞行器关键部件的试制及验证性试验，在 1c 阶段主要完成了 C/SiC 进气道、热金属结构的典型件及带膨胀斜面的喷管试制，并对热金属结构开展验证试验，但受预算所限，该项任务于 1994 年底被迫终止。

5.2.2　参研机构

"桑格尔"计划中结构热防护系统的主体研制工作由德国的 DASA 公司承担，同时参与研究的德国科研机构主要包括德国航天中心、MTU 公司等。此外，奥地利、挪威等国的 PLANSEE、CFD Norway 等研究机构也参与了相关研究。结构热防护的研究工作可大致分为仿真分析、方案设计、结构制造、相关设备及试验技术 5 个部分。其中，仿真分析工作由德国航空航天中心各大学的专家与挪威的 CFD Norway 公司共同承担，这两个研究机构为完成大规模仿真计算任务，成立了单独的计算中心。试验技术由德国航空航天中心及 MTU 公司共同承担；结构制造工作由 DASA 联合奥地利及挪威的合作伙伴共同完成；由于"桑格尔"空天飞行器结构热防护应用的部分新型材料体系在德国发展不成熟，许多新型材料样件制备工作由奥地利及挪威的合作伙伴承担，如PLANSEE 公司等。图 5.1 为"桑格尔"空天飞行器结构热防护系统研制分工图。

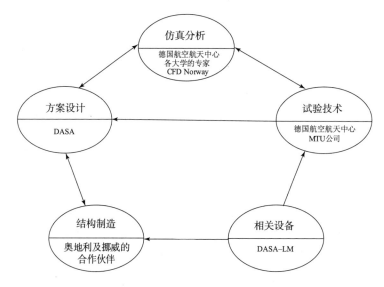

图 5.1 "桑格尔"空天飞行器结构热防护系统研制分工图

5.3 结构热防护系统方案

"桑格尔"空天飞行器的气动加热问题具有长时、高熔的特点。尤其是当飞行速度增加至 $Ma3$ 以上时，这一问题将变得更为严峻。对一子级来说，在超声速至高超声速爬升段，飞行器大面积热防护面临富氧压缩来流的剧烈冲刷，其前缘、翼面、腹部大面积区域以及发动机唇口等部位的热环境尤为严酷。因此，一子级的结构材料设计需要重点考虑富氧环境下超声速、高超声速飞行所面临的气动加热问题。二子级包括一次性的货运型和重复使用的载人型。对于重复使用的载人型，不仅要考虑上升段，还要考虑再入返回段。

5.3.1 一子级结构热防护方案

载荷是开展结构设计的关键输入，从"桑格尔"空天飞行器的飞行剖面来看，一子级需要具备在飞行速度 $Ma6.8$、高度 31 km 条件下的飞行，同时还能够执行 $Ma4.5$ 长时间巡航飞行任务的能力。在设计之初，首先需要对飞行器使用条件下的整体载荷进行评估，为飞行器各部位选择合适的材料和结构方案。飞行器载荷分为两部分：热载荷及力载荷。这两种载荷由飞行器的飞行速度、飞行高度、气动外形及飞行弹道决定。热载荷主要指飞行器的热流边界条件，它决定了飞行器各部分结构的工作温度，可依据它进行飞行器热防护设计；力载荷主要指飞行器所受的气动力情况，是飞行器各部分结构强度、刚度的设计依据。

"桑格尔"飞行器在执行任务过程中按照设计好的飞行轨迹加速爬升或巡航。从这一角度来看，"桑格尔"空天飞行器更像是具有升力式外形、水平起降特征的"运载火箭"，而这一点恰恰是与飞机设计的最大区别。由于一子级在大气层内加速至高超声速，因此热载荷成为"桑格尔"空天飞行器在结构设计阶段需要更为关注的输入条件。图 5.2 为"桑格尔"空天飞行器在级间分离时刻的表面温度分布图。由图可以看出，飞行器头部的最高温度达到了 1 335℃，尖锐前缘等区域的温度也达到了 840℃，大面积区域的温度达到了 600℃左右。

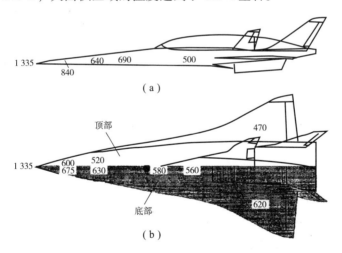

图 5.2　"桑格尔"空天飞行器在级间分离时刻的表面温度分布图（单位：℃）

(a) 侧视图；(b) 俯视图

"桑格尔"空天飞行器结构设计的关键是在设计要求内尽量榨取结构材料的使用裕度。由图 5.2 可知，如果按照长期使用温度来进行设计，则常规金属材料难以满足要求，而全机复合材料在当时一方面技术并未完全成熟，另一方面会大幅增加使用成本，其重复使用性能与金属材料相比也大打折扣。20多年前，美国 X-15 飞行器的最大飞行速度和"桑格尔"飞行器类似，但其材料多采用高温合金，这种材料具有更高的耐热性能，但其带来的重量代价是"桑格尔"空天飞行器的方案设计中无法承受的。为此，设计人员针对"桑格尔"的使用环境开展了精细化分析。在执行航天发射任务中，一子级的高超声速飞行状态仅出现在爬升段的末期，而并非长时间高超声速巡航。作为巡航任务，对一子级的飞行速度要求仅为 $Ma4$ 左右，表面大面积温度在 400℃ 左右。图5.3 为"桑格尔"空天飞行器一子级在飞行速度为 $Ma4.5$ 及 $Ma6.8$ 时的温度分布。

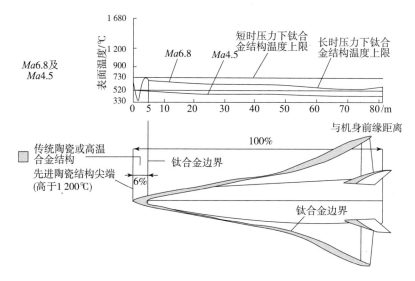

图5.3　"桑格尔"空天飞行器一子级在飞行速度为 $Ma4.5$ 及 $Ma6.8$ 时的温度分布

　　分析表明，巡航任务并未超过钛合金在大面积区域的使用上限。同时，钛合金能够经受住短时间内向高超声速冲刺过程中的气动热载荷。综合来看，钛合金的密度低、耐热能力强，依然可以作为"桑格尔"空天飞行器设计的重要材料（图5.4）。相对面积较小的高温边条区域就可以采用更耐温的陶瓷、高温合金复合材料等材料。依据仿真分析的结论，如果飞行器最大飞行速度为 $Ma6$，则96%的结构材料可以采用钛合金，耐高温合金仅占到 3.5% 左右。如果最大飞行速度达到 $Ma8$，则钛合金的使用占比就降到35%，高温合金则提升到64%，同时还要增加陶瓷基复合材料。图 5.4 为高超声速下飞行器结构设计的材料限制。对于"桑格尔"空天飞行器，最大飞行速度为 $Ma6.8$，可以使用部分钛合金，并结合耐更高温度的材料使用，从而使结构质量在可接受范围内。表 5.1 为飞行器材料体系适用范围。

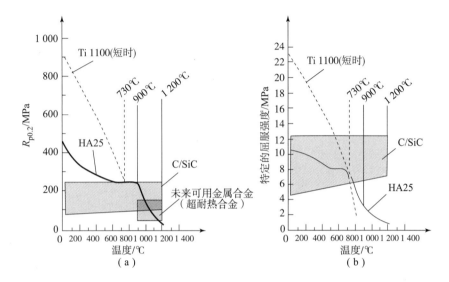

图 5.4　高超声速下飞行器结构设计的材料限制

（a）材料规定塑性延伸强度随温度的变化；（b）材料屈服强度随温度的变化

HA25—特殊合金；$R_{p}0.2$—材料规定塑性延伸强度

表 5.1　飞行器材料体系适用范围

最大飞行速度/Ma		6	8	10	12
滞止温度/K		1 600	2 500	3 800	5 400
整体结构的最高温度/K（湍流）		950	1 200	1 300	1 550
材料	最高温度/K	结构所占百分比/%			
钛合金 钛铝（TiAl） 金属基复合材料（MMC）	≤1 000	96	35	—	—
超耐热合金 氧化物弥散强化合金（ODS）	≤1 400	3.5	64.0	98.0	79.0
陶瓷基复合材料结构	≤2 000	—	0.9	1.7	20.0
主动冷却结构	>2 000	—	0.1	0.3	1.0

在确认了"桑格尔"一子级飞行器适用的材料体系后，设计人员根据飞行器表面温度、使用材料体系及飞行器自身温度要求将整个一子级进行了划分，将其划分为热结构和冷结构，力求在最轻的结构质量下保证承载功能，"桑格尔"空天飞行器一子级的划分方案如图5.5所示。通过合理的划分，整个"桑格尔"空天飞行器一子级机身分为：机头在内的机身前部区域、机身中前区域－机身一体化的冷结构、机身中后区域－非一体化的热结构三部分。在结构设计中，热结构的重点要放在结构的耐热性能上，而冷结构需要考虑内部结构的承载性能与外部防隔层的隔热性能，以保证内部结构的力学性能。

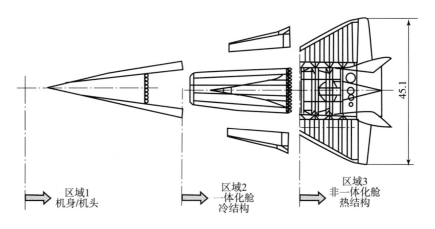

图5.5　"桑格尔"空天飞行器一子级的划分方案

一子级的机头锥形结构、机翼前缘和尾翼在飞行过程中温度较高，均为热结构。采用带C/SiC、C/C外壳（材料性能对比见表5.2），这种材料多用于航天飞机的前缘部分，已经经过多次试验验证，具有足够的耐高温性能，因此不需要额外设计主动冷却方式。但这类材料的缺点是耐氧化性较差且抗冲击性能较差，多采用在表面敷设涂层或氧化层加以保护。除此之外，这类材料的制造难度较大，加工工艺性差，很难制造类似翼面的薄壁结构。因此，"桑格尔"飞行器的结构工程师们不得不将热结构技术作为研发重点，开展了大量的设计分析。分析工作包含利用有限元（FEM）应力计算法提出并分析了若干种机翼的设计方法。

表 5.2　C/SiC、C/C 材料性能对比

材料性能	C/SiC	C/C
耐温性能/℃	可达 1 600	可达 2 000
抗氧化性	较强	弱
强度	较强	较强
脆性	一般	脆性大

机身中前部/贮箱段是与机身一体化的冷结构，贮箱内部温度在 −200℃ 以下。因此，这部分结构不仅需要考虑外部防热层的隔热特性，还需要在贮箱周围设计长时隔热材料以保证贮箱及贮箱周围设备的正常工作。"桑格尔"空天飞行器的设计者们设计了大量低温贮箱结构，试图在质量与受力的强约束条件下，寻找切实可用的低温贮箱结构，在不断的设计调整迭代中，最终收敛为两种贮箱设计方案，依据仿真结果来看，这些贮箱结构皆有望改善箱体质量和燃料质量之间的比值。图 5.6 为结构设计者最终设计出的一体化低温贮箱两种备选方案。图 5.6（a）是带 CFRP 壁板和内部加强件的夹层结构，夹层壁为陶瓷纤维增强复合材料（CFRP）外壳，内部为陶瓷纤维增强复合材料加强件。图 5.6（b）为带内部隔离的 CFRP 壳结构，采用陶瓷纤维增强复合材料外壳加

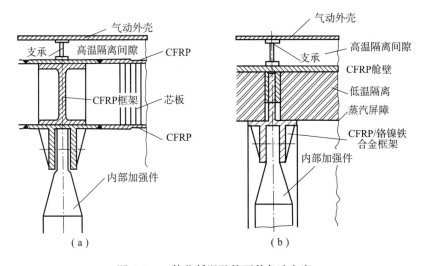

图 5.6　一体化低温贮箱两种备选方案

（a）带 CFRP 壁板和内部加强件的夹层结构；（b）带内部隔离的 CFRP 壳结构

内部隔热层。上述两种方案均拟在后续研究中进行热力学相关试验验证，试验设备采用热力学大型平台试验设备。但是，该计划随着"桑格尔"计划的终结而被放弃，贮箱的设计工作停留在方案验证阶段。

对于机身中后部/贮箱段的设计，由于飞行器的机翼所受载荷、弯矩和该段热载荷的影响，若采用一体化贮箱，则会大大增加结构设计与制造难度，因此该部分创造性地采用了非一体化气囊贮箱的热结构。图5.7所示为一子级低温贮箱设计方案。

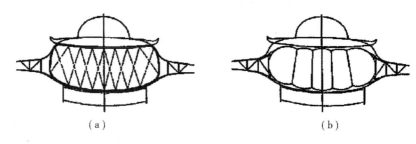

（a） （b）

图5.7　一子级低温贮箱设计方案
（a）一体化贮箱；（b）气囊贮箱

一体化贮箱和气囊贮箱的不同特征和设计依据如表5.3所示。能够看出，依据"桑格尔"空天飞行器机身前后部位受力变形、载荷传递特点的不同，采用的贮箱类型也不同，"桑格尔"空天飞行器机身前部采用一体化贮箱，后部采用气囊贮箱。在工程设计人员精心权衡下，前部贮箱采用最大容积利用率方案，后部贮箱采用最优方案。

表5.3　一体化贮箱和气囊贮箱的不同特征和设计依据

贮箱位置	机身中前部（区域2）	机身后部（区域3）
贮箱类型	一体化贮箱	气囊贮箱
贮箱结构特点	无扰动结构 相同的结构尺寸	机翼和机身交叉 5个主体框架 可变的结构深度 二子级一体化 发动机一体化 喷管一体化
受力变形特点	载荷及变形较小	载荷及变形较大（来自机翼弯矩、剪切载荷以及机身弯矩）

续表

贮箱位置	机身中前部（区域2）	机身后部（区域3）
载荷传递路径	较小的载荷传递：前起落架、一子级、二子级	较大的载荷传递：二子级主起落架、发动机、喷管
容积利用率	最大	最优
重量优化方案	无扰动下的重量优化	复杂结构的重量优化

由于在仿真计算结果中发现机身后部的受力变形和载荷传递较大，所以必须对其机械变形和扭曲程度进行限制，限制的主要手段是增强结构的刚性。由于在翼盒主肋区域，来自机翼、二子级和发动机的大载荷均施加在机身上，会出现局部区域的大载荷，因此考虑选用钛合金材料非一体化结构方案。另外，从机头后部到翼盒起始处的机身前部（区域1+区域2），采用碳纤维复合材料蒙皮的夹层结构，并对其进行了一体化设计，以实现质量最小化的优化设计。图5.8展示了"桑格尔"一子级整体结构方案的材料选择，一子级前缘采用强化的 SiC 外壳进行制作，前机身采用 Fr 铝框架、波纹型 Fr 铝蒙皮、钛框架、SPFDB－SW 钛蒙皮，机身中部、后部采用一体化舱设计，两侧连接机翼处采用一体化翼盒设计，一子级尾部采用 CFRP 框架加强筋和 CFRP 蒙皮设计。

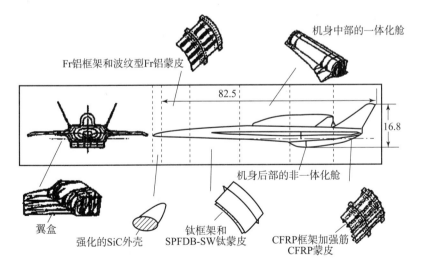

图 5.8 "桑格尔"一子级整体结构方案的材料选择

CFRP—陶瓷纤维增强复合材料；SPFDB－SW—超塑成形扩散连接侧壁

　　"桑格尔"一子级机身中部的一体化贮箱布局如图5.9所示,可承载68.6 t液氢(约994 m³),后机身的气囊贮箱可承载600 kg液氢、2 500 kg水、200 kg氦及600 kg液氧,气囊贮箱采用拱形设计,其容积利用率可达85%。鉴于中前部机身区域采用了大型一体化贮箱,在飞行过程中由于惯性、俯仰角、燃料消耗等因素造成重心的大幅变化,不利于飞行稳定性,所以必须额外设置一个燃料管理系统来调节飞行器重心。

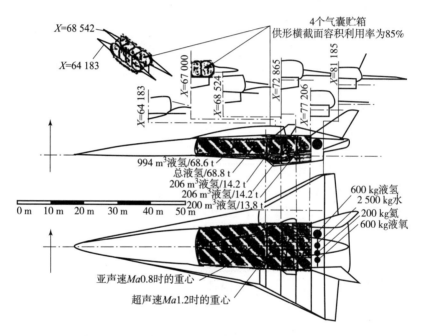

图5.9　"桑格尔"一子级机身中部的一体化贮箱布局

　　机身表面的大面积承载采用了多层金属结构设计,这种多层金属结构特点见表5.4,可以采用以钛、铬镍铁合金或HS188等为主的金属材料。多层金属结构防隔热性能优异,综合了各种热防护材料的优点,但与复合材料机身相比,由于在受热时内外温差较大,大尺寸应用于金属表面就不得不考虑金属的受热膨胀效应,因此在热膨胀与热变形匹配上,需要进行大量的仿真分析工作。此外,由于金属多层结构的波纹样式和片层厚度可随意变化,这种多层金属护板甚至能适用于球形曲面结构。多层金属结构在制备时,需将金属箔片压出波纹,在波纹处进行叠加连接，从而形成多层结构，若干个多层结构按需要叠加起来，层间填充隔热材料，形成多层板，其结构如图 5.10 所示。在后续研究中，研究人员对多层金属结构进行了初步探索试验来验证其抗气动载荷、重复使用、热变形匹配等性能并与"桑格尔"飞行器的技术指标进行比对，但最终部件级多层金属结构的工艺性及结构匹配性，还需要更多试验探索。

表 5.4　多层金属结构特点

可采用材料	结构耐温/℃	热防护优点
钛合金基多层金属	700	（1）机械强度高； （2）所需生产工具不复杂； （3）维护和维修成本低； （4）对表面损伤的敏感度远远小于陶瓷瓦； （5）可减轻质量； （6）安装简单、可靠； （7）材料耐用性及韧性高
镍钴基合金基多层金属	1 000	
钼基合金基多层金属	1 300	

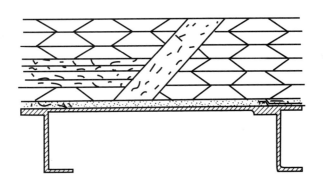

图 5.10　多层金属结构

5.3.2　二子级结构热防护方案

在二子级结构热防护方案的设计中，需要同时考虑爬升阶段和再入大气阶段的气动环境。"桑格尔"空天飞行器二子级与一子级分离后以火箭动力迅速爬升至入轨，之后通过气动阻力减速直至水平着陆。研究人员对"桑格尔"空天飞行器二子级典型部位的最高温度进行了估算，并与轨迹相似的航天飞机已知数据进行了核对。在二子级爬升过程中机头顶端温度约 1 970℃、机翼边条温度约 1 300℃、小翼翼缘温度约 1 250℃，在二子级再入阶段机头顶端温度约 1 740℃、翼缘温度约 1 350℃、小翼翼缘温度约 1 250℃。因此，从需要承受的最高温度来看，爬升阶段与再入大气阶段的最高温度相差不大，两者对于材料的选取要求基本相同。然而，从飞行时间来看，爬升阶段依靠大推力火箭获得加速度，飞行时间较短，而再入阶段则主要依靠气动阻力进行减速，飞行时间相对较长。因此，考虑到需要保持舱内温度的恒定，再入阶段对结构热防护提出了更高的长时隔热要求。

　　在二子级结构热防护系统的方案设计工作中，研究人员充分参考了航天飞机的结构热防护材料体系及结构形式，最终提出了如图 5.11 所示的结构方案。二子级机头、机翼和小翼翼缘采用热结构设计，结构的使用温度较高，无法采用金属材料。参照航天飞机前缘 C/C 材料（图 5.12），在航天飞机的研制中，C/C 材料经过了 –157℃ ~ 1 950℃ 的温度考核，基本能够满足二子级的使用要求。同时，为提升机翼和小翼翼缘结构的热裕度，计划在外部采取涂层等措施提高其热防护性能。

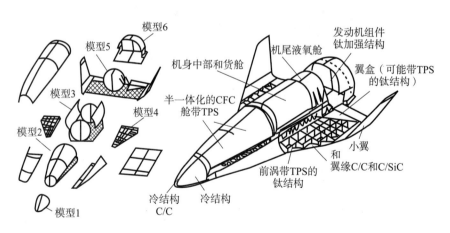

图 5.11　"桑格尔"空天飞行器二子级的整体结构方案

CFC—碳纤维复合材料；TPS—热防护系统

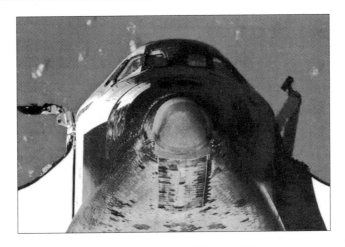

图 5.12　航天飞机前缘 C/C 材料

　　由于"桑格尔"二子级货舱、设备舱及燃料舱具有温度限制，因此机身大面积按照"TPS＋冷结构"的思路设计。在二子级的方案设想中，机身可采用多层金属结构、金属 TPS 结构或者陶瓷瓦热防护结构（图 5.13），以确保内部设备的正常工作。为了提高飞行器表面辐射率与抗氧化性，提高飞行器的使用寿命，计划在金属表面覆盖一层辐射率为 0.8、厚度很薄的涂层结构。

图 5.13　陶瓷瓦热防护结构

　　"桑格尔"二子级增压舱的净尺寸为直径 4 m、总长 7 m、净容积 88 m³。针对增压舱的结构形式，研究人员设计了多种结构备选方案，但在最终的论证中发现，金属材料无法满足严格的质量指标，必须采用非金属材料一体化贮箱/机身的解决方案。

5.4　结构热防护系统试验验证

　　结构地面试验是验证和评估结构性能的重要手段，在仿真计算存在偏差的情况下，需要通过地面试验开展充分有效的试验验证，试验考核范围应覆盖飞行器飞行全过程，真实模拟飞行过程中的飞行状态、环境参数等。"桑格尔"空天飞行器在结构热防护系统中创新性地应用了许多新材料、新结构、新工艺，纵观"桑格尔"空天飞行器的设计全流程，其结构热防护系统开展的地面试验主要涵盖了基元级和部件级两个层次。

基元级的试验是针对材料层面的试验，试验对象通常是标准样件。通过加热设备、材料拉伸、压缩等常规试验设备及测量系统，获取材料在不同状态下的物理特性，为飞行器结构设计、仿真计算提供数据支撑。"桑格尔"空天飞行器先后开展了低温贮箱材料性能测试、推进系统组件材料测试、热防护系统（TPS）样板试验等，获取相关材料的强度性能、隔热性能、密封性能、硬度以及气动冲击性能等数据。部件级试验是针对结构层面的试验，主要用于考核飞行器某部分结构的强度、热稳定性能否达到预期的设计效果，常见的部件级试验有静热试验、静力试验、热力学试验、噪声试验等。

由于"桑格尔"计划的突然终止，飞行器的结构热防护系统仅进行了部分典型材料、结构的验证试验，整机的结构方案尚未经历充足的验证。根据有限的文献资料，以下将主要对"桑格尔"空天飞行器低温贮箱材料试验及热金属结构试验进行详细介绍。

5.4.1　低温贮箱材料试验

低温贮箱外壁面受飞行器表面气动加热，内壁面与低温液氢燃料接触，两侧温度跨度在300℃以上，计划采用多层金属结构以抑制壁面传热。为了对低温贮箱结构件进行试验和验证，工程师们制造了3种碳纤维增强聚氯乙烯夹层板并对其进行了测试。测试主要针对结构的层间剪切行为、泄漏及防隔热性能。图5.14为低温贮箱测试设备，测试设备左边为加温100℃，右侧为贮箱内部（−253℃）。图5.15为低温

图5.14　低温贮箱测试设备

贮箱测试件，安装在图 5.14 左右两个设备中间进行测试。

图 5.15　低温贮箱测试件

贮箱壁面材料在先前 1b 阶段计划使用 1100 型钛材料，为提高隔热的性能，在 1c 阶段试验中扩展到最新型的 DSA1 和 γ – TiAl 材料。研究人员将平板制造成单片结构（500 mm × 1 000 mm）并采用不同的连接技术（铜焊、焊接等）实现了夹层设计。上述新型材料由奥地利和挪威的国际合作伙伴提供。

5.4.2　金属热结构性能测试

金属热结构性能测试的目的是为验证飞行器上金属热结构的性能参数能否满足使用要求，设计师们想要知道高超声速飞行器的外部金属结构在没有陶瓷 TPS 保护的情况下，能否承受气动环境加热。金属加热试验由于经费问题，终止于 1994 年，在项目终止时，仅完成了金属结构平板的试制与测试。图 5.16 是专门为金属结构平板搭建的加热试验平台。

为解决飞行器表面金属热结构的设计问题，"桑格尔"空天飞行器的设计者们制造并测试了大量钛合金平板件。图 5.17 为一个大型钛合金平板件的加热测试设备，被测试的超塑成形平板结构如图 5.18 所示。这类平板结构是由两张凹凸不平的类似蜂窝结构的板材通过在气体压力下超塑成形制造而成的，超塑成形平板截面图如图 5.19 所示。

图5.16 高超声速计划1c阶段：金属结构平板
（500 mm×1 000 mm）的加热试验平台

图5.17 钛合金平板件的加热测试设备

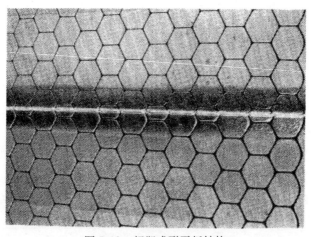

图5.18 超塑成形平板结构

图 5.19　超塑成形平板截面图

　　除小型平板外，还对同样结构的大型金属平板件进行了考核试验，试验采用石英灯加热设备，大型平板件试验设备如图 5.20 所示。图 5.21 为一个由 9 个小面板组合而成的大型钛合金面板典型件，面板上的深色斑为加热试验产生的，图 5.22 所示为面板局部放大效果图。

图 5.20　大型平板件试验设备

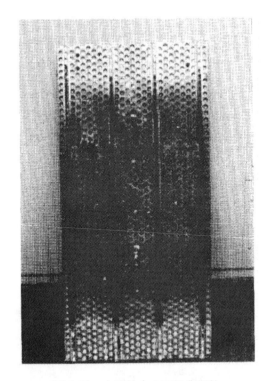

图 5.21　大型钛合金面板典型件

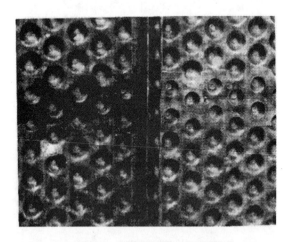

图 5.22　面板局部放大效果图

上述多层金属结构壁板于 1992 年 7 月和 9 月分别进行了加载测试，试验主要为了得到在 400～900℃的表面温度下，平板结构的静态导热率。此外，设计师们还对平板件进行了噪声及热力学试验的考核测试，所有测试结果显示其使用性能可以达到预期设计要求。

金属热结构的重复使用性能也是设计师们关注的重点，为了证明平板结构的重复使用性能，进行了重复加热试验。图 5.23 所示为金属平板重复加热热导率变化曲线。

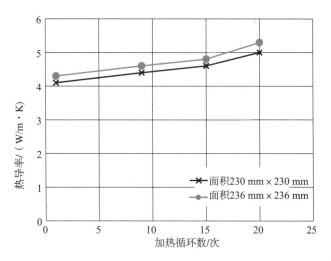

图 5.23　金属平板重复加热热导率变化曲线

5.5　小　　结

立足于当时的材料体系、加工能力、仿真计算能力等现状，直至德国高超声速项目被迫终止之时，其结构热防护系统的设计工作还尚未完成，许多结构方案还停留在方案论证阶段，可行性还没有得到充分验证。总体来看，结构热防护方面的工作主要集中于一子级设计上，在一子级的结构热防护设计中，设计指标非常严苛，在重复使用、轻量化、防隔热、低成本等多条件耦合要求下，设计师们对一子级飞行器进行了大量仿真验证，以得到飞行器的表面温度，用于支撑飞行器结构热防护系统的精细化设计，经过评估大胆决定采用逼近极限工作状态下的钛合金作为一子级大面积结构的重要材料。在研制中，结构工程师们创造性地提出了多层金属的热防护结构，并进行了大量试验验证。从结果来看，这种多层金属防热结构具有优秀的防隔热性能与重复使用性能，并且具有较强的可设计性，其防隔热性能与材料及内部填充物强相关。但是，这种结构加工工艺复杂，且在大面积应用时必须考虑其热膨胀效应，在实际应用中还需进一步改进。此外，"桑格尔"空天飞行器对金属材料的一体化液氧、液氢贮箱也进行了大量探索研究，创新性地提出了 γ - TiAl 材料方案。

虽然最终并没有形成完整的结构热防护方案，但历经 10 年的科研探索，"桑格尔"空天飞行器在结构热防护领域取得了很多成就，对飞行器结构热防护技术起到了巨大的推进作用，尤其是对多层金属热防护结构的深耕进一步提升了金属热防护系统性能极限，扩大了金属防隔热材料的应用范围，对于后来结构热防护的设计具有一定的借鉴意义。

参考文献

[1] KUCZERA H, SACHER P W. 可重复使用空间运输系统[M]. 魏毅寅, 张红文, 王长青, 译. 北京: 国防工业出版社, 2015.

[2]《世界航天运载器大全》编委会. 世界航天运载器大全[M]. 北京: 中国宇航出版社, 2007.

[3] KUCZERA H, HAUCK H, KRAMMER P, et al. The German Hypersonics Technology Programme Status 1993 and Perspectives[R]. IAF - 93 - V. 4. 629, 1993.

[4] KUCZERA H, HAUCK H. The German Hypersonics Technology Programme[R]. IAF - 92 - 0867, 1992.

[5] KUCZERA H. Singer Space Transportation System, Concept Study and System Definition[R]. BMFT, Referat 513, Reference No. HK 8900 - 8, 1991.

[6] German Federal Ministry for Research and Technology(BMFT), Hypersonic Technology Programme[R]. 1988, Bonn, Germany, layout by IAB GmbH, Ottobrunn, printed by Parat-Druck, Munich.

[7] KUCZERA H, KONZEPTSTUDIE S F. Hypersonics Technology[C]// Workshop Spitzingsee, March 23 - 25, 1992.

[8] BMFT Forderkonzept Hyperschalltechnologie, Bilanz der Phase Ib, BMFT Monitoring Group Hypersonics Technology[C]//Issued by BMFT

Monitoring Group,July 1994,IAB GmbH,Ottobrunn,Germany.

[9] KANIA P. Latest Results in Hypersonics Technology[R]. IAF – 94 – V. 4. 547,1994.

[10]LAUNIUS R D. Designing the Shuttle:Living within the Political System, in space shuttle legacy[M]. Reston:AAIA,2014.

第6章 飞行试验研究工作

6.1 概　　述

为了验证高超声速关键技术，提高技术成熟度，德国在项目初期就确定了要围绕"桑格尔"方案开展飞行试验。"桑格尔"方案是两级入轨系统，原则上应研制两级验证机。但是，研究人员认为二子级为火箭系统，技术难度相对较低，两级分离可以通过仿真计算的手段较为准确地模拟出分离效应。综合考虑技术上的必要性和成本两方面因素，最终决定仅针对"桑格尔"一子级开展飞行验证机的开发和飞行试验。为了尽可能地节省成本，德国广泛寻求国际合作，对飞行验证机的备选方案开展了大量的研究，最终确定了推进系统一体化的全自动飞行器 Hytex R – A3 作为飞行验证机的主要参考方案，并以俄罗斯"彩虹"– D2 飞行试验平台为基础开展一种成本更小的替代方案，用于缩比超燃冲压发动机的技术验证。

6.2 研究工作总体规划

在对"桑格尔"方案设计过程中所涉及的诸多关键技术，开展飞行试验验证这一问题上，从德国高超声速技术项目初始阶段就开始了规划和考虑。为了综合研究和评估试验飞行器，成立了一个专门的联合研究小组，主要参与的机构有 MTU 公司、MBB 公司在奥托布伦的太空与军用飞机分公司、MBB 公司在汉堡的民用飞机分公司、多尼尔腓德列斯哈芬公司等。该研究小组负责对飞行试验计划的整体把控。

飞行试验主要针对"桑格尔"一子级开展，目的是验证一子级推进系统、气动热力学、结构热防护及其他子系统所涉及的关键技术。为此，在 2000 年开发完成一种飞行试验技术验证机 Hytex，其方案设计的基本指导思想为水平起降、载人飞行、无级间分离、TBCC 动力推进，避免对环境造成噪声、臭氧层等生态破坏，其间避免开发或实施与"桑格尔"方案无关的技术。基于这一需求，初步确定了 Hytex 飞行验证机的定位和基本技术指标。Hytex 飞行验证机是一种高度复杂的载人型试验机，可与 20 世纪 60 年代曾经试飞的美国 X－15 相媲美。

（1）1a 阶段：1989 年，业界就启动了飞行验证机的开发工作，为此组建了一个联合研究小组，对技术验证飞行试验的必要性、可行性和主要任务进行了论证，开始开展对技术验证机 Hytex 可选方案的初步论证，制定技术验证机的研发时间规划表，并对研发成本进行粗略的估算。

（2）1b 阶段：出于成本的考虑，1b 阶段主要是研究了大量成本低廉的备选方案，甚至是小型无人单发飞行器，不同备选方案可产生大量飞行试验数据，将对"桑格尔"方案的研发起到至关重要的作用。

（3）1c 阶段：随着研究经费的进一步缩紧，研究小组不得不在技术可行性的基础上，同时兼顾成本方面的考虑，探讨飞行验证机的替代方案，并在此背景下广泛寻求国际合作，充分利用其他国家现有的飞行设施。

综合考虑技术可行性与研制成本，经过多轮论证与方案迭代，最终确定了飞行验证机的主要参考方案 Hytex R－A3。此外，与俄罗斯共同提出了一种简化的飞行演示验证方案"彩虹"－D2，以进行推进系统的先期验证试验。

出于成本方面的考虑，德国积极开展国际合作。按照德国的计划，制造的工作量将按照每个参加这一计划的国家所提供的资金数额分配给这些国家。德国就飞行试验研究方面的合作进行了大量的努力，最终参与此项研究的国家主要包括瑞典、挪威、俄罗斯和法国等。

6.3　飞行试验主要任务

为了验证高超声速相关技术的可行性，需要开展大量的技术验证工作。技术验证手段主要包括三大类：仿真模拟、地面试验和飞行试验。

对于一部分技术验证需求来说,仿真模拟和地面试验简单易行,且成本相对低廉,但仿真模拟和地面试验存在其局限性,表6.1展示了仿真模拟和地面试验可能存在的局限性。因此,虽然风洞试验在一定程度上可以模拟实际的飞行状态,但由于缺乏相应的数据库,在很多情况下难以准确模拟真实环境条件。尤其是在动力装置领域,缺乏大型试验设备的问题更为突出。在$Ma5\sim6$这个飞行速度范围,动力装置和机体的一体化程度特别高,因此想要获得接近真实飞行状态的试验数据,就特别需要用于试验进气道和尾喷管功能的大型试验设备。在空气热动力学、材料和结构等其他领域,也同样存在地面模拟手段不足的问题。

表6.1 仿真模拟和地面试验可能存在的局限性

仿真模拟的局限性
(1) 预设计方法不够成熟,需要发展更加精确的数值方法,包括算法以及网格的生成; (2) 摩擦 – 理想气体效应的模型建立不够充分,如转捩、紊流、热动力学等; (3) 计算能力和计算成本方面的问题
地面试验的局限性
(1) 马赫/雷诺 – 相似性; (2) 模型的尺寸效应; (3) 转捩、紊流等流动质量的差异; (4) 热模拟的准确性; (5) 理想气体效应

对于关键技术的验证,图6.1给出了不同手段实现技术验证所占的比例,其中地面试验也包括了仿真模拟的手段。可以看出,对于绝大部分关键技术来说,地面试验的手段是远远不够的,约60%的关键技术需要通过飞行试验进行验证。在飞行试验验证中,大部分可以采用缩小的试验机完成验证,如对发动机及其部件的一体化等,剩余小部技术需要1:1的原型机完成验证。

总的来说,通过飞行试验的手段:一方面可以在真实飞行环境下实现对关键技术的验证;另一方面还可以获得宝贵的试验数据,为仿真模拟和地面试验提供数据支撑,实现对相关模型的修正,从而提高其准确性。这也是德国虽然在经费和成本等因素的巨大压力下,仍然没有放弃开展飞行试验的原因所在。

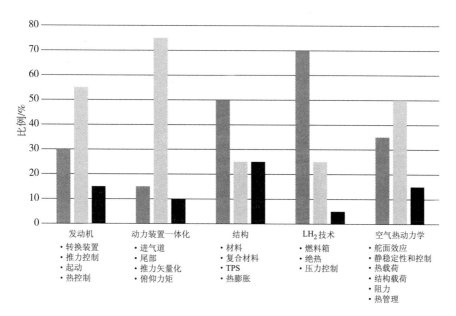

图 6.1 不同手段实现技术验证所占的比例

■—地面试验；■—试验机；■—原型机

空气动力学、推进系统、结构热防护以及其他子系统的关键技术对试验机有着不同的要求，如表 6.2 所列试验机的任务要求。总体来看，主要分为三类：一是涉及自由飞数据库的建立；二是涉及设计方法的验证；三是涉及部件、子系统功能的验证以及材料和制造方法的适用性。

表 6.2 试验机的任务要求

（1）在空气动力学方面的任务要求 • 验证宽域气动性能与控制能力； • 构建气动数据库，用于对数值仿真与地面试验技术的验证与修正； • 机体推进一体化技术研究； • 高马赫数下气体流动规律与机理研究
（2）在推进系统方面的任务要求 • 验证推进系统宽域推力与比冲性能； • 验证涡轮模态向冲压模态的平稳转换； • 发动机（包括进气道和尾喷管）与机体协同工作的功能； • 验证以液氢为燃料的飞行

（3）在结构热防护方面的任务要求
- 验证结构热防护系统设计方法，包括材料选用、结构设计、加工制造等；
- 获取实际飞行条件下的热动力学响应，构建相应的数据库；
- 主被动冷却技术研究

（4）在其他子系统方面的任务要求
- 飞行可控性的验证、大气数据传感器；
- 实际载荷环境条件下的大气状态传感器技术研究及相应数据库的构建；
- 验证供能系统，保证能量使用的最优化

6.4　飞行试验方案

6.4.1　多方案分析

在 1a 阶段对飞行验证机方案进行了初步论证，考虑到飞行安全方面的问题，飞行验证机必须是载人的，能够水平起飞和在普通跑道上着陆，且无可抛部件。据此初步确定 Hytex 飞行验证机为一种载人可重复使用飞行器，采用与"桑格尔"方案相同的 TBCC 推进系统，总长度约为 25 m，总质量约为 17 t（图 6.2）。

与此同时，研究人员还确定了飞行试验剖面和试验区域。按当时的计划，候选试验区域有 3 个：一是葡萄牙及西班牙北部海岸线附近的大西洋上空；二是与荷兰、丹麦、德国和英国的海岸线相邻的北海上空；三是靠近意大利本土并与撒丁岛和西西里岛相邻的地中海上空。飞行试验的航迹地面投影为一椭圆，如图 6.3 所示。全长约 757 n mile，飞行的起点和终点相同，飞行总时间约为 58 min，飞行器加速至最大飞行速度 $Ma5.6$ 后，将以此速度在 28 km 高度上飞行约 1 min，实现推进系统、热动力学等关键技术的验证。

Hytex 需要验证多项新技术，研制并不是轻而易举的事。出于成本和技术难度的综合考虑，此后德国在 1b 阶段重新提出了多个成本低廉的备选方案，包括小型无人单发飞行器，如图 6.4 所示 Hytex 飞行验证机的备选方案。这些备选方案可产生大量飞行试验数据，将对"桑格尔"方案的研发起到至关重要的作用，各备选方案飞行试验数据如表 6.3 所列。

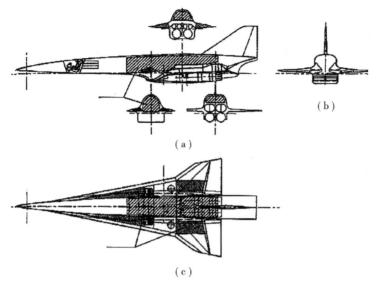

图 6.2　1a 阶段初步确定的 Hytex 飞行验证机

（a）侧视图；（b）正视图；（c）俯视图

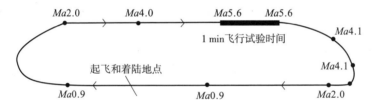

图 6.3　Hytex 飞行验证机飞行试验的航迹地面投影

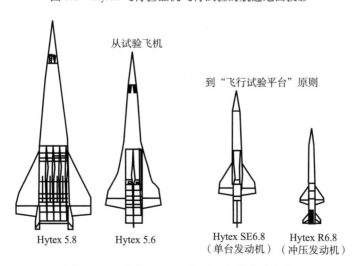

图 6.4　1b 阶段 Hytex 飞行验证机的备选方案

表 6.3　Hytex 飞行验证机备选方案产生的飞行试验数据

Hytex R6.8	数据库最小（只有冲压发动机） • 冲压性能数据 • 进气道性能和控制 • 气动数据库 • 热结构件测试数据 • 空气数据传感器
Hytex SE6.8	数据库扩容（TBCC 组合发动机） • 前体预压缩 • 单边膨胀斜面喷管后体预压缩 • 低速性能 • 纵向配平、稳定性和控制特性 • 涡轮 – 冲压模态转换 • 飞行控制系统
Hytex 5.6/5.8	进一步数据库扩容（2/4 台 TBCC 组合发动机） • 多发动机集成 • 真实边界层模拟 • 机翼/机身结构相似性 • 载人系统 ——冲压性能损失 ——气动热载荷损失

此后，飞行试验计划同多国合作开展，重新对飞行验证机方案进行可行性论证。参与此项研究的国际合作伙伴包括来自瑞典和挪威的理论部分研究者，以及来自俄罗斯的试验可行性研究者，同时与法国的合作亦在考虑中。验证机的设计方向主要考虑 3 个大类，见表 6.4。

表 6.4　验证机的设计方向

第一类	单用途验证机： • 载人飞行； • 气动试验
第二类	多用途机身一体化验证机： • 最大飞行次数为 58 次； • 以助推器为加速辅助； • 起飞总质量约 35 t

续表

第三类	通用验证机： • 水平起降； • 组合动力推进； • 起飞总质量约 25 t

1993 年，法国宇航公司、德国宇航公司、俄罗斯中央航空发动机研究院和俄罗斯中央气动热力学研究所在政府的支持下决定与德国共同讨论飞行验证机相关事宜，旨在分析飞行试验的需求，并协调双方在此方面的行动。两天内共举行了 7 次工作会议，汇总了各自掌握的有关空天飞行器和飞行验证机的数据，以便在信息对等的前提下，以同样的逻辑分析存在的问题。会议制定了各方在 1994 年的工作规划。合作各方一致确定研发以下 4 种备选飞行验证机。图 6.5 展示了各国机构推出的备选方案：德国宇航公司/彩虹设计局的 D2、俄罗斯中央航空发动机研究院的 IGLA、法国宇航公司的 EDITH 以及俄罗斯中央气动热力学研究所的 EMPL。

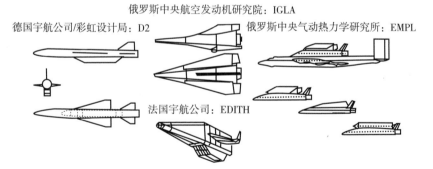

图 6.5　德国及合作方推出的飞行验证机备选方案

此后，国际范围内对验证机的方案先后开展了多轮论证，最终针对 Hytex 飞行验证机形成了一项参考方案和一项替代方案，分别为推进系统一体化的全自动飞行器 Hytex R - A3 和成本更小的推进载客试验机"彩虹"- D2，这两种方案被选作此后整个 1c 阶段的重点研究目标。其中，Hytex R - A3 飞行验证机主要与瑞典和挪威的相关公司合作完成，"彩虹"- D2 主要与俄罗斯共同合作完成。

6.4.2 Hytex R – A3 方案

Hytex R – A3 方案由德国 MBB 公司牵头，德国、瑞典和挪威的相关公司共同合作开展研究。参与研制工作的相关公司如图 6.6 所示。

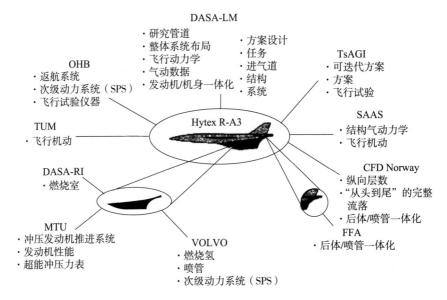

图 6.6 参与 Hytex R – A3 飞行验证机研制的相关公司

Hytex R – A3 是一款单冲压发动机与机身完全一体化的飞行验证机，起飞总质量约为 3.4 t，将对发动机/机身一体化、进气道、冲压燃烧、尾喷管与飞行性能进行测试，其外形尺寸如图 6.7 所示。

Hytex R – A3 由一架飞机驮载到飞行速度为 $Ma0.9$ 时分离，然后一台火箭发动机在 17.5 km 的高度推动飞行器达到 $Ma3.5$ 的飞行条件，这时 Hytex R – A3 与火箭分离，冲压发动机点火。冲压发动机将在 29.5 km 的高度把飞行器加速到 $Ma6.8$ 的最大速度。达到最大速度后，冲压发动机将关闭，并开始无动力下降阶段，水平着陆冲压燃烧飞行阶段的时间约为 5.4 min（图 6.8）。

根据空气热力学要求，Hytex R – A3 飞行验证机有一个很大的头部预压缩区，主要是为了准确地模拟气流附面层厚度和进气道流动情况。该飞行器的进气道也要比按其自身飞行速度要求进行设计的进气道复杂，装有一个吸除附面层用的空气导管，以通过从后机身吹气来降低跨

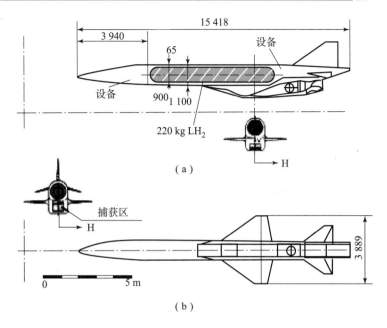

图 6.7　Hytex R - A3 飞行验证机的外形尺寸

（a）侧视图；（b）俯视图

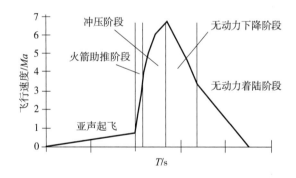

图 6.8　Hytex R - A3 飞行验证机飞行剖面

声速飞行时的阻力。为了对飞行器进行控制，需要使用推力矢量控制喷管。这种二维推力矢量控制喷管与轴对称喷管相比研制难度更大，而且还会增加后机身喷管一体化的难度。为了在 2000 年之前完成 Hytex R - A3 飞行验证机的研制工作并进行飞行试验，必须使用现有的材料和结构。因此，90% 的飞机外表面拟采用耐热金属结构，但有的区域如机翼前缘和发动机进气道罩体采用碳 - 硅或碳 - 碳材料。此外，研究人员还

致力于寻求可用于发动机进气道调节斜板和亚声速扩张段的硅增强石墨
复合材料。

6.4.3 "彩虹"–D2 方案

"彩虹"–D2 飞行器是俄罗斯彩虹国家机械制造设计局设计研发的
一种用于技术验证的飞行试验平台,在当时已经完成了 500 多次飞行,
可对未来太空运输系统的必要先进技术进行飞行验证。"彩虹"–D2 飞
行器作为技术验证/技术试验平台,已经进入到商用领域。

"彩虹"–D2 飞行器采用液体推进剂火箭发动机,其最大飞行速度
可达 Ma6 以上。通过运送飞机 TU–22 以超声速进行空射,在飞行速度
Ma1.7、高度约为 12 km 时与运送飞机 TU–22 分离,随后火箭发动机
点燃,飞行器加速至燃料耗尽。图 6.9 所示为"彩虹"–D2 飞行器的高
度–时间和飞行速度–时间关系曲线。

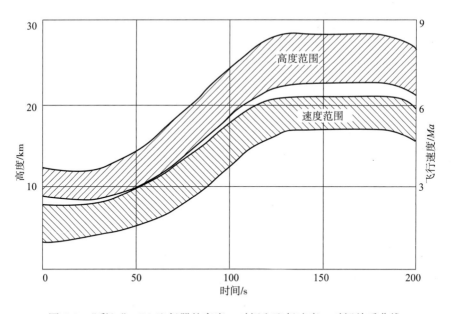

图 6.9 "彩虹"–D2 飞行器的高度–时间和飞行速度–时间关系曲线

"彩虹"–D2 飞行器基本改型是一种细长型飞行器,发射质量为
5 800 kg,其中约有 800 kg 可用于内部和外部有效载荷。"彩虹"–D2
飞行器主要技术指标如图 6.10 所示,其主要组成部分如下:

- 最大飞行速度　　　　　　　*Ma*6.3
- 最大飞行高度　　　　　　　90 km
- 最大航程　　　　　　　　　570 km
- 最大推力　　　　　　　　　70 kN
- 总长　　　　　　　　　　　11.67 m
- 机身直径　　　　　　　　　0.92 m
- 最大质量　　　　　　　　　5 800 kg
- 推进剂质量（燃料和氧化剂）3 045 kg
- 载荷质量　　　　　　　　　最大800 kg

图 6.10　"彩虹"- D2 飞行器主要技术指标

（1）有尖锐前缘的后掠翼和尾翼；

（2）椭球形机头整流罩采用可传导射频的材料，为内部有效载荷提供防护；

（3）机体内携带氧化剂和推进剂贮罐，外表面布置有线缆和贮罐导管并与两个水平稳定翼和骨架式机翼相连；

（4）圆锥形尾翼包含发动机、尾喷管、贮罐压力保护装置、电源和自动驾驶仪，此外还携带和支撑助推器主轴的 4 个控制翼及其制动装置。

"彩虹"- D2 飞行器的主结构采用钛合金 OT - 4 材质。机头整流罩组件采用强化玻璃钢。机头锥体中集成了一个采用耐高温钢材制成的飞行数据系统，其外部几何结构如图 6.11 所示。

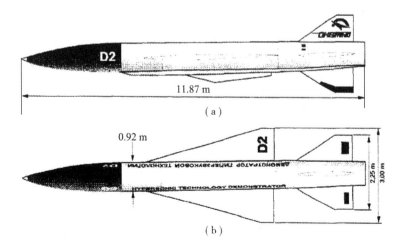

11.87 m

（a）

0.92 m

2.25 m

3.00 m

（b）

图 6.11　"彩虹" - D2 飞行器外部几何结构

（a）侧视图；（b）俯视图

"彩虹"–D2 飞行器有效载荷和试验用品可置于飞行器整流罩内部、外表面的不同位置或者机身下方，表面上有多个区域可用于安装传感器或材料/结构样本，机身下方则可搭载液态氢燃料箱、冲压/超燃冲压发动机等多种载荷。图 6.12 为"彩虹"–D2 飞行器可用于飞行试验的区域。

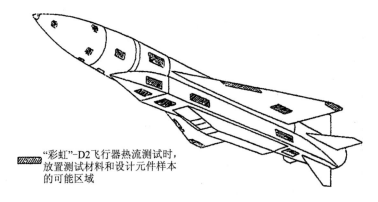

"彩虹"–D2飞行器热流测试时，放置测试材料和设计元件样本的可能区域

图 6.12 "彩虹"–D2 飞行器可用于飞行试验的区域

德国通过与俄罗斯开展合作，以"彩虹"–D2 飞行器作为飞行试验平台，对其进行适应性改装，进行冲压发动机的飞行演示验证试验研究，计划于 1996 年完成飞行试验。此外，研究人员还确定并筹备"彩虹"–D2 飞行器改型（图 6.13），以验证"彩虹"–D2 飞行器在飞行中获取数据以及回收系统的可靠性。

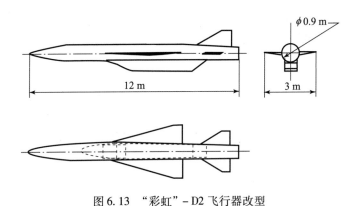

图 6.13 "彩虹"–D2 飞行器改型

6.5 小   结

在整个飞行试验相关研究的过程中，德国出于成本和研制周期的考虑，对飞行验证机的备选方案进行了诸多妥协。此外，在飞行试验规划过程中德国也一直努力为分摊成本寻求国际合作，包括美国、英国、法国、意大利、荷兰、澳大利亚在内的许多国家均参与了飞行试验方面的国际合作。即便如此，相关计划也一直向后拖延。1995 年 6 月，德国高超声速技术项目宣告结束，1995 年 12 月之后的所有活动都被迫取消，导致原定 1996 年的"彩虹"– R2 飞行试验与实现仅相差一步之遥，Hytex R – A3 方案更是相差甚远，围绕"桑格尔"一子级开展的飞行试验最终依然没能获得实施。

参考文献

[1] THEVENOT R, SACHER P. Key Points for Future Space Transportation Systems[R]. AIAA – 95 – 6007, 1995.

[2] SACHER P. Hypersonic Flight Testing Issues[R]. AIAA – 93 – 5078, 1993.

[3] PETER W, SACHER P, ZEIINER B. Flight Testing Objectives for Small Hypersonic Flight Test Vehicles Featuring a Ramjet Engine[R]. AIAA – 95 – 6014, 1995.

[4] SATMARK T, TREIFINGER H S. Secondary system study for the Hytex R3 flight test vehicle[R]. AIAA – 95 – 6158, 1995.

[5] THOMAS M B, NORBERT C B. Forebody precompression performance of hypersonic flight test vehicles[R]. AIAA – 98 – 1574, 1998.

[6] JANOVSKY R, WIENSS W, KOVALTSCHUK V. The hypersonic technology demonstrator D2[R]. AIAA, 1998.

[7] 王亚文. 桑格尔瞄准于 1999 年进行鉴定飞行[J]. 导弹与航天运载技术, 1989(9): 81 – 82.

[8] YASUHARA M, KUWABARA K, MAYENO I. Experiments on hypersonic source flow past a cone[J]. Aeronautical and Space Sciences Japan,

1976,24:271 - 280.

[9]张英达.德国正在为"桑格尔"空天飞机计划寻求国际合作[J].国外空间动态,1991(08):17 - 29.

[10]POLICANDRIOTES T,Filip P. Effects of selected nanoadditives on the friction and wear performance of carbon-carbon aircraft brake composites [J]. Wear,2011,271(9):2280 - 2289.

[11]RENEAUX V B,ESQUIEU S,MEUNIER M,et al. Recent achievements in numerical simulation for aircraft power-plant configurations[J]. The Aeronautical Journal,2013,117:1188 - 1201.

[12]张英达.美国航天飞机将停止秘密军事飞行[J].国际太空,1991(3):19 - 20.

[13]PFEFFER H. Towards reusable launchers-A widening perspective[J]. Esa Bulletin-European Space Agency,1996,(87):58 - 65.

[14]萨赫,祝存清.高超声速技术试验机(Hytex)[J].国外航空技术:飞机类,1992,000(002):1 - 12.

[15]P. GONZÁLEZ. Risk management procedures application of Technical Risk Assessment in festip[J]. Acta Astronautica,2000,47(2):677 - 686.

[16]许广勃.德国研究"桑格尔"的技术试验飞行器[J].世界导弹与航天,1991(05):19 - 20.

[17]CARLSON J R,PAO S P,ABDOL K S. Computational analysis of vented supersonic exhaust nozzles using a multiblock/multizone strategy[J]. Journal of Propulsion and Power,1993,9(6):834 - 839.

[18]SURESHA S,SRIDHARA B K. Effect of addition of graphite particulates on the wear behaviour in aluminium-silicon carbide-graphite composites [J]. Materials and Design,2009,31(4):1804 - 1812.

[19]陈晓清.美军高超声速飞机组合动力技术进展分析[J].飞航导弹,2021(05):17 - 20.

第 7 章 "桑格尔"方案综合分析

7.1 概　　述

德国高超声速技术项目历经 8 年时间，技术研究与国际合作均规模庞大，以"桑格尔"方案为牵引完成了许多综合性的研究。虽然高超声速技术项目最终在 1995 年被迫终止，但"桑格尔"方案及其关键技术的研究为之后空间运输系统的研制提供了诸多参考，甚至在"桑格尔"项目夭折以后，各国也各自开展了自己国家的高超声速技术研究与飞行试验。本章对整个项目主要完成情况进行了总结，并对"桑格尔"方案进行综合分析，试图从中得到宝贵的经验和启示，为未来研究提供借鉴。

7.2 "桑格尔"方案完成情况

德国高超声速技术项目在"桑格尔"方案的牵引下开展了众多研究，突破多项关键技术，高超声速领域取得了显著进展。但遗憾的是，该项目于 1995 年宣告结束，1995 年 12 月之后的全部研究活动均被迫终止。1995 年底结束时，"桑格尔"项目累计支出的经费超过 4.4 亿马克，其中也包括了工业界、研究机构以及大学赞助的款项。根据估计，只需要再增加上述金额 5% 的经费，就能按照原计划完成 1996 年 1c 阶段的任务。即便如此，在研制经费和周期的双重压力下，项目依然没能按照计划完成。

尽管"桑格尔"项目被迫终止，但通过 8 年时间的持续研究，项目在初期制定的战略目标基本得以实现，研究人员在高超声速领域的基础科学现象和关键技术方面也取得了重要突破。德国高超声速技术项目的战略目标及实现情况与主要技术成果如表 7.1 和表 7.2 所示。总的来说，通过 8 年的全面研究，人们对高超声速飞行的优势和技术问题均有了深刻的了解，并找到了初步的解决方案。研究人员认识到，这种吸气式可重复使用的两级入轨空间运输系统，像飞机一样从欧洲机场实现灵活起降自由进出空间，并非天方夜谭，研究过程中尚未发现真正的技术障碍。

表7.1　德国高超声速技术项目的战略目标及实现情况

战略目标	实现情况
建立高超声速领域的基础科学与技术体系，为将来研发成本更低、更可靠的空间运输系统奠定基础，使德国成为未来研发活动的领导者	在多个核心技术领域均取得显著成果，初步建立高超声速领域的关键技术体系，获得国际同行的广泛认可，德国成为该领域发展的领先者之一
通过该项目研究，带动国内整个行业的全面发展，打造专业能力	以牵头机构和项目委员会为中心，与小型科研公司和大学开展了大量战略合作，行业内形成了良好的科研生态
建立并扩大国际合作，为欧洲之后运输系统的相关技术服务奠定基础	与瑞典和挪威达成了政府间的合作协议，与奥地利、法国和俄罗斯开展了深入行业合作，与8个其他国家建立了联系，扩大了在国际上的影响力

表7.2　德国高超声速技术项目的主要技术成果

技术领域	主要技术成果
总体方案	形成了一个较为完整的"桑格尔"参考方案，在若干假设的基础上完成了方案设计工作，完成了技术可行性论证，并形成相应的参考数据手册
一体化气动设计	• 开展了推进机体一体化技术的研究，完成了进气道、内部气流管道、喷管、边界层分流器/内部管道等组件的研发； • 初步掌握了两级空天飞行器气动设计方法； • 基于 Hytex 模型开展了多次风洞试验，并建立了相应数据库； • 发展了数值仿真工具
推进系统	• 论证了"桑格尔"推进系统的合理性，催生了更为适用的吸气式涡轮冲压组合动力系统； • 完成冲压发动机模型（内径50 cm）的开发，并开展地面试验，在 $Ma7$ 的条件下完成了燃烧室和喷管的直连试验，完成了缩比进气道的风洞试验，并建立了相应数据库，但未完成全尺寸冲压发动机的自由射流试验； • 初步建立超燃冲压发动机的技术基础，并积累了一定数据

续表

技术领域	主要技术成果
结构热防护	完成耐热金属和耐高温陶瓷结构化组件的研发、制造和测试，验证了结构化设计方案，包括耐热机身段（500℃）、翼盒样品（700℃）、多层热防护系统（1 100℃）、氧化性气流中的 C/SiC 进气道斜板（1 600℃），并开发了钛 1100、γ - 钛铝、氧化物弥散强化（ODS）铝合金等先进材料
制导控制	对飞行控制及其子系统开展了初步研究，完成了嵌入式大气数据系统与热作动器的开发
飞行试验	确定了飞行验证机方案，包括参考方案 Hytex R - A3 飞行器和低成本的替代方案 "彩虹" - D2 飞行器，但未完成飞行试验
试验设施	建设新型试验设备，对现有试验设备进行扩充。工业界、德国航空航天中心和各大学均完成了相应的建设任务，初步形成地面大科学试验能力

高超声速技术项目虽然在 1995 年被迫终止，但许多科技成果和工程技术人员之间的国际合作，均能用于即将开展的 "欧洲未来空间运输研究计划"（FESTIP），这一计划也被确定为国际性计划。高超声速技术项目原计划中第二阶段的接续研究，将也被转换到 "欧洲未来空间运输研究计划"（FESTIP），如图 7.1 所示，这一消息使研究人员对后续

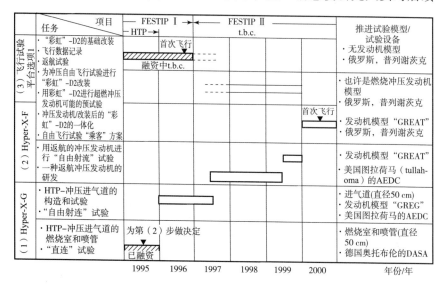

图 7.1　高超声速技术项目向 "欧洲未来空间运输研究计划" 的转换

（Hyper - X - G/F 表示冲压发动机地面/飞行试验）

支持充满期待。然而，随着"欧洲未来空间运输研究计划"的开展，欧洲航天局更加倾向于选择成熟的火箭推进系统，人们很快意识到在该计划中，吸气式推进系统不再是技术研究的主题。这种情况下，"欧洲未来空间运输研究计划"框架内高超声速技术第二阶段的规划无异于一纸空文。此后，有关冲压、超燃冲压、膨胀循环、空气液化以及集气式发动机等吸气式推进系统的研究均维持在一个较低的水平上持续开展。

7.3　方案分析与启示

虽然德国高超声速技术项目最终被迫下马，但"桑格尔"方案及其相应关键技术的研究为后续空间运输系统的研制提供了诸多参考。下面围绕推进系统、气动热力学、结构热防护、制导控制四大核心技术领域，对"桑格尔"方案开展分析，并试图从中得到宝贵的经验和启示。

7.3.1　推进系统方面

"桑格尔"方案在推进系统的选择上采用将吸气发动机与火箭发动机分离的两级入轨方案，避开了研制吸气式-氢氧火箭组合发动机这一复杂且风险较高的技术问题，同时由于推进剂装载量的减少也进一步提高了飞行器的有效载荷，虽然由于当时技术条件限制，在组合发动机的冲压部分只能采用亚燃冲压发动机，但根据其性能设计一子级依然能够满足最高飞行速度的性能要求，并根据设计方案开展了技术验证工作。结合"桑格尔"推进系统的研发过程，可以总结出如下几条关键问题。

1. 吸气式推进系统方案的设计

"桑格尔"方案在设计之初就明确了在欧洲机场水平起降以及向预定轨道运送载荷的总目标，这其中主要有两种主要的技术途径，即单级入轨和两级入轨方案，项目团队在结合研制时间与风险的综合考虑后，在总方案上选择了两级入轨方案。

在推进系统的论证中，一子级飞行器的飞行速度覆盖了亚/跨/超/高超声速，这就要求推进系统在宽速域具备优良的推进能力。一子级推进系统可供选择的方案有火箭基组合循环发动机和涡轮基组合循环发动机，其中涡轮基组合循环发动机由于具有成熟的涡轮发动机的特殊优势，可以作为可重复使用空天入轨飞行器起降低速段的推进动力，"桑格尔"技术团队从性能、费用、安全和技术可行性等方面考虑，最终选择了 TBCC 组合发动机作为一子级飞行器的动力来源。二子级由于只在稀薄大气中飞行，因此选择火箭发动机。两级飞行器的推进系统选取考虑了技术可行性与研制成本等综合因素，结合当时技术水平可以认为是水平起降两级入轨飞行器推进系统的最优解，其对于组合动力发动机的研究与所形成的相关组件和系统级设计方法至今依然适用。

随着超燃冲压发动机技术逐渐成熟并开展了大量的验证试验，"桑格尔"方案中的亚燃冲压发动机部分替代为超燃冲压发动机，形成涡轮/超燃冲压发动机组合动力。若要进一步拓宽吸气式发动机的工作速域和空域，一方面要不断上拓冲压动力的工作域，另一方面要在热力循环层面将火箭发动机进一步有机组合进来，形成高度一体化的组合循环发动机，最大程度利用大气中的氧，实现热力循环效率和结构体积、质量方面的综合优化。与此同时，也将面临其他多方面的问题，如多循环组合、多热力过程融合、多物理过程及多能源之间的耦合难度进一步增加等。此外，在宽速域飞行过程中，燃烧室入口总温最高可相差 10 倍，燃烧室入口气流速度经历亚声速、超声速等状态，对燃料物态、新型燃料喷注及雾化特性，以及点火延迟及火焰传播特性也将提出新的挑战。

2. TBCC 组合发动机的模态转换与燃烧稳定性

根据方案设计，"桑格尔"团队选用了串联式的 TBCC 发动机，该发动机具有 3 种工作模态，即涡轮基模态、冲压模态和涡轮冲压共同工作模态。在涡轮冲压共同工作模态中，需实现涡轮模态和冲压模态之间的转换。由于两种工作模态之间发动机的特性具有较大的差异，因此如何实现两种工作模态之间的平稳过渡直接关系到发动机的安全性。首先就需要对其共用的进气道与尾喷管进行耦合设计，以满足在不同工作状态下的发动机进气与排气过程，而在亚声速、超声速以及高超声速下来流环境差异巨大，并不是固定进排气结构所能解决。因此，团队将进气道与尾喷管设计为可根据飞行状态进行动态调整，这两项技术在如今宽速域推进系统的研究中广泛应用。

模态转换过程中的核心问题是实现发动机总推力与空气流量的平稳过渡，实现推力由涡轮模态产生到由冲压模态产生的连续变化，而模态转换工作点也关系到了能否充分发挥组合发动机性能优势和模态转换平稳过渡的外部环境。推力的建立过程实际上就是发动机燃烧室内的燃烧组织情况。在燃烧稳定性的研究上，"桑格尔"方案形成了主要采用径向主稳定器和环向支板稳定器相结合的方式以实现冲压发动机的稳定燃烧。但是，最终仅完成了部件级别的试验工作。模态转换过程的关键则在于风扇涵道与冲压涵道出口处的气流混合不能形成回流。"桑格尔"研究团队在计划终止时尚未完成飞行条件下的涡轮－冲压的模态转换试验，因此其模态转换与燃烧稳定性技术无法得到充分验证。但是，从方案设计的角度上看，"桑格尔"方案在该部分的设计是合理且具有可操作性的。

在如今对模态转换工作过程的研究中，更多的是应用建模仿真工具，对不同模态下的发动机进行结合控制策略的多场耦合仿真，并根据其结果开展实物研制与相关试验，在此过程中逐步迭代以形成最终模态转换的相关方案。

3. 发动机的主动冷却

"桑格尔"空天飞行器一子级飞行速度为 $Ma6.8$，主动冷却技术是实现宽速域可重复使用的关键技术。在高马赫数飞行的条件下，进气道捕获的气流焓值急剧增大，这会导致燃烧室的热环境更为严酷。为了避免高速来流以及燃烧室燃烧作用叠加造成的发动机损坏，技术团队首先从燃料入手，采用深冷燃料液氢、液氧，既满足了环保要求，同时也能够满足热值与冷却需求。此外，还设计了空气收集与液氧富集系统，在产生推力之前使用液氢进行冷却，同时氧气液化可以产生额外的协同效应，这样可以进一步减少二子级的质量。但是，由于收集的液氧不纯，也会增加燃料与氧化剂的质量，相比于不采用空气收集与液氧富集系统的飞行器质量依然有着大幅的减少。该富集系统虽然在减重与增加载荷上有着很突出的优势，但该系统过于复杂，一旦系统出现故障就意味着飞行任务的失败，但是在"桑格尔"方案中所设计的这套富集与冷却系统依然是一种非常有益的尝试。

在目前的发动机主动冷却技术中，更多的是采用以发动机壁面为热交换面板，内部布满冷却通道。燃料箱内燃料经燃料泵由发动机前部注入壁面内的冷却通道，燃料通过与壁面间的对流换热带走热量，若燃料箱内为碳氢燃料，其吸热后的温度升高至超过其裂解温度时将会发生热裂解反应，可提供较高的化学热沉。若为深冷燃料（液氢、液态甲烷等）则可直接利用其物理热沉对发动机进行冷却，通过燃料的物理/化学吸热，壁面温度降至材料的可承受范围，以实现发动机在严酷热环境下的稳定工作。裂解后的碳氢燃料同样可以参与发动机的燃烧过程，裂解后产生氢气、甲烷、乙烯等小分子产物更利于同来流的混合燃烧，从而产生更大的推力。

7.3.2 气动热力学方面

1. 宽域高升阻比设计

"桑格尔"飞行器面临着复杂的飞行环境：一是空域变化范围巨大。一子级飞行空域在 $0 \sim 31$ km，二子级则需要穿越大气层。二是速域变化范围宽广，飞行速域覆盖 $Ma0 \sim 25$，其中一子级飞行速域为 $Ma0 \sim 6.8$。三是宽广的空域和速域引起动压变化较大。

宽速域大空域飞行导致"桑格尔"方案高低速高升阻比设计难度大。亚声速高升阻比气动外形特征是大展弦比平直翼、钝前缘，然而超/高超声速高升阻比气动外形特征则是小展弦比大后掠角机翼、尖前缘，并且随着飞行速度越大飞行器长细比越大，高低速气动外形特征矛盾，很难实现宽速域最高升阻比飞行。图 7.2 显示了不同飞行速度下气动外形特征。"桑格尔"方案采用兼顾高低速 S 形机翼以兼顾高低速升阻比需求，为宽速域高升阻比设计提供了新的设计思路。

在升阻比设计中，动压变化范围大导致飞行过程中升力匹配异常困难。在升重平衡约束下，起飞段动压最低、飞行器最重，要求足够大的升力面。随着飞行速度增大，飞行动压增大，质量逐渐减小，需要的升力面逐渐减小。由于要经历低速起降与高超声速飞行两种状态，如何设计外形才能使高低飞行速度状态升力大小与使用需求匹配，否则将会出现起降时升力无法满足需求。但是，巡航时升力过大，会导致巡航升阻比过低；或者巡航时升力合适，但是起降时却无法提供足够的升力，就不得不提高起飞或着陆速度。

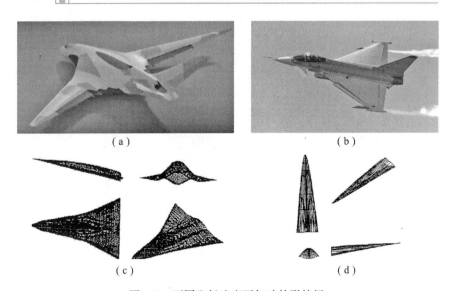

（a）　　　　　　　　　　　　　　　（b）

（c）　　　　　　　　　　　　　　　（d）

图7.2　不同飞行速度下气动外形特征

（a）亚声速飞机；（b）低超声速飞机；（c）*Ma*6乘波体；（d）*Ma*25乘波体

"桑格尔"一子级气动外形为宽域高升阻比设计提供了优良的解决方案，但是动压变化范围大导致飞行过程中升力匹配问题至今仍是宽域飞行器高升阻比研究的难点之一。

2. 机体推进一体化设计

为了获得良好的性能，一子级飞行器机体与发动机进排气系统进行了一体化设计，"桑格尔"空天飞行器外形特征如图7.3所示。多台发动机并联布置于飞行器腹部，前

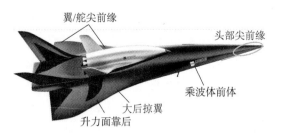

翼/舵尖前缘
头部尖前缘
乘波体前体
大后掠翼
升力面靠后

图7.3　"桑格尔"空天飞行器外形特征

体下表面为进气道提供均匀充足的空气流量以提升进气效果，同时产生一定比例的升力。后体下表面作为一个自由膨胀面，以获得较大的推力和推进力矩。一体化设计能够有效降低飞行器的重量和阻力，获得最佳的性能。

在当时的条件下，机体推进一体化设计思想有效缓解了飞行器在全包线推阻匹配矛盾，是非常巧妙的设计思路。通过"桑格尔"方案大

量的研究表明，一体化设计是实现高超声速飞行的关键，后来也被证明是吸气式高超声速飞行器实现高超声速推进的重要突破口。"桑格尔"方案建立的机体推进一体化设计着重关注满足发动机的进排气需求，为推动后续高超声速飞行器技术发展起到重要支撑作用。

但是，一体化设计也带来了气动性能与发动机性能的强烈非线性耦合，导致气动、动力、控制及其他相关系统相互关联、渗透，相关系统的关联性、复杂性与设计难度大幅增加。因此，机体推进一体化设计水平直接影响飞行器总体性能。

3. 高精度气动热力学性能预测

一般来说，在方案论证阶段与详细设计阶段对 CFD 精度有不同的需求，理论上气动热力学数据精度越高越好。为了获得精度满足需求的气动热力学数据，飞行器研发过程中一般采用理论研究、CFD、风洞试验和飞行试验相结合的技术途径。这 4 种气动热力学性能预测手段的优缺点如图 7.4 所示。其中风洞试验与 CFD 是"桑格尔"方案论证与设计阶段最主要的手段，下面对这两种手段进行具体分析。

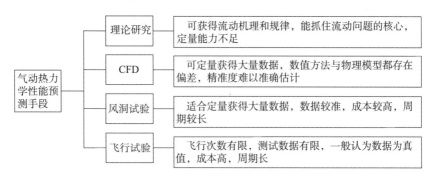

图 7.4　不同气动热力学性能预测手段的优缺点

风洞试验包括气动力试验和气动加热试验。

气动力试验方面，不仅需保证外形相似和攻角、侧滑角一致，还需尽可能模拟马赫数、雷诺数、努森数、黏性干扰系数、总温、壁温比等，不同的流动结构对这些相似参数的敏感程度不一样，具体的模拟参数需要根据精度需求与试验能力进行综合权衡。如图 7.5 显示的风洞模拟能力与飞行状态对比，"桑格尔"和"云霄塔"飞行条件雷诺数为 2×10^{9}，已难以保证流动的黏性相似。如图 7.6 所示测热试验激波风洞

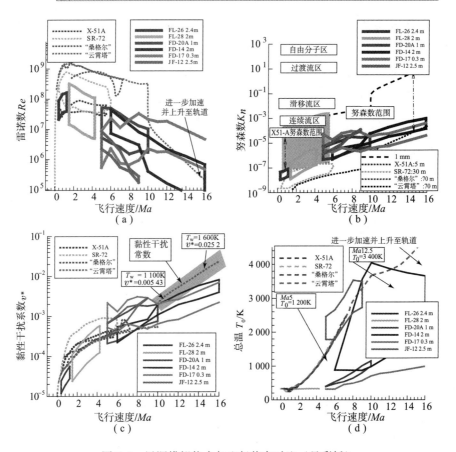

图 7.5 风洞模拟能力与飞行状态对比（见彩插）

（a）雷诺数–飞行速度；（b）努森数–飞行速度；

（c）黏性干扰系数–飞行速度；（d）总温–飞行速度

对雷诺数的模拟能力与飞行需求对比，"桑格尔"和"云霄塔"绕流同时存在滑移流和过渡流，对于此类大尺寸飞行器，飞行速度小于 $Ma10$ 时基于最大尺寸的努森数 $10^{-9} \sim 10^{-7}$，而风洞试验的努森数偏大两个量级，为 $10^{-7} \sim 10^{-5}$，导致跨流域流态模拟不一致。SR–72 和"桑格尔"的黏性干扰系数在 10^{-3} 以下，可不考虑黏性干扰。有文献表明，航天飞机黏性干扰系数从 0.005 增大至 0.03 时升阻比减小了 17%，而"云霄塔"在 $Ma16$ 时飞行状态黏性干扰系数约 0.025，现有风洞的仅为 0.008，风洞试验能力与飞行状态相差较大。如图 7.7 所示测热试验激波风洞对总温能力的模拟与飞行需求的对比，不同飞行器沿飞行轨迹的总温基本一致，最高超过 4 000 K。当飞行速度为 $Ma5$ 时，飞行条件的总温不超过 1 000 K，风洞试验模拟可不考虑高温气体效应影响。当飞行速度增大到 $Ma10$ 时，飞行条件的总温超过 3 500 K，氧气离解并产生影响，仅有激波风洞能够模拟。飞行速度进一步增大至 $Ma16$ 时，飞行条件总温接近 4 500 K，氮气离解并产生影响，而激波风洞最大总温为 4 000 K，现有风洞不具备 $Ma14$ 以上的总温模拟能力。

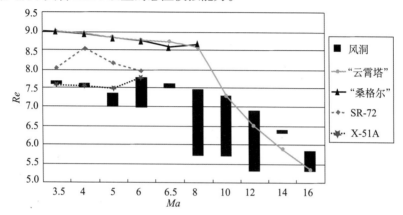

图 7.6 测热试验激波风洞对雷诺数的模拟能力与飞行需求对比

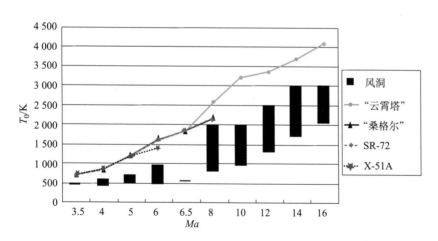

图 7.7 测热试验激波风洞对总温能力的模拟与飞行需求对比

对于 $Ma7$ 以下的测力试验可在常规风洞中进行，其流场品质高，关于阻力、升力、压心数据的重复性精度可达到 5%、3%、1%，基本满足工程使用需求，但存在不同风洞数据一致性不好、天地换算精准度难以估计的问题。$Ma10$ 以上的气动力试验一般只能在脉冲风洞中进行，而脉冲风洞气动力测量技术还不完善，所获得的数据难以满足工程研发需求。

气动力热风洞试验方面，希望能模拟雷诺数、总温，尽量连续地覆盖马赫数范围，冷壁热流分布，测量时间尽量长、热流测量精准度尽量高。表7.3为激波、复现风洞测热能力与飞行状态对比。

表7.3　激波、复现风洞测热能力与飞行状态对比

参数	飞行条件	风洞试验能力	差距
马赫数/Ma	0~25连续变化	激波风洞：3.5、4.0、5.0、6.0、6.5、8.0、10.0、12.0、14.0、16.0 复现风洞：6.0、6.5、8.0、10.0、12.0、14.0、16.0	马赫数状态模拟有限
壁温	壁温分布复杂	无法模拟	风洞试验完全不能模拟真实热流分布
有效时间	存在缝隙、凹坑的试验模型，有效时间需12 ms以上	较大尺寸的常规激波风洞每车次有效时间约为3~7 ms	需至少提升1.5倍以上
热流测量	热流测量不确定度希望小于10%；尖锐前缘等高热流、大热流梯度区域准确获取详细热流分布	测量不确定度15%~20%；尖锐前缘等区域的热流传感器布置数量受限，完备热流分布较为困难	热流测量精准度和数据完备性存在差距

激波风洞只能模拟 Ma3.5~16.0 范围内的少数离散马赫数，而复现风洞能只能模拟 Ma6.0 以上典型马赫数状态；激波风洞和复现风洞都不能模拟飞行条件的壁温，尖锐前缘等区域难以获得完备热流分布；激波风洞有效时间不足；热流测量精度不够。

Ma8 以下风洞对于雷诺数（以1 m为参考长度）模拟能力比飞行条件可低一个量级以上。风洞对总温模拟能力比飞行条件最大低1 000℃以上。另外，用于边界层转捩研究的静音风洞喷管出口直径一般不超过 0.3 m、Ma6、静音条件的单位雷诺数为 $2.0 \times 10^6 \sim 5.0 \times 10^6$，可用于基础研究，但对于将其数据直接用于设计还存在模拟雷诺数偏低

等问题。

鉴于气动力热风洞试验能力和需求的差距,下述方向需要重点研究。

1)气动力试验方面

(1) $Ma10$ 及以上的高超声速测力试验技术研究。

(2)脉冲风洞高精度测力技术研究。

2)气动加热试验方面

(1)均匀区尺寸 1 m 以上的激波风洞有效时间提高到 15 ms 以上,激波风洞和静音风洞总温模拟能力提高 500~1 000℃。

(2) $Ma8$ 以下状态的自由流单位雷诺数提高 1 个量级。

(3)尺寸小于 0.1 mm 热流传感器研究,布置间距能够小于 0.2 mm 传感器研究。

(4)热流测量与面测热精准度提高至 10% 以内。

(5)高效率风洞试验技术研究。

3) CFD 的数学模型方面

在 CFD 模拟方面"桑格尔"方案的复杂外形及其绕流特征给其带来新的挑战。

(1)外形精确模拟问题。飞行器具有尖前缘及侧缘,而表面防热措施带来的缝隙、凸起使精确模拟外形及准确捕捉局部流动的难度较之普通飞机大幅提升;模拟精度与计算量的矛盾关系对网格提出更高要求。

(2)激波模拟问题。高超声速流动(主体与局部)中广泛存在激波及其相互干扰现象,高超声速流场呈现出多波系、多尺度的特点并表现出强非定常性。如何高效、准确地模拟流场中的复杂波系及其与边界层的干扰是 CFD 准确预测飞行器流场亟需解决的难题。

(3)数学模型多元化。模拟多速域、多空域飞行涉及转捩、湍流、燃烧、稀薄气体效应、高温气体效应等各类复杂流动现象及其耦合问题,通过单一模型无法获得准确结果,要求用于 CFD 的数学模型具有准确模拟能力。

4) CFD 软件方面

在 CFD 软件方面,当时的研究为现阶段工程实用的 CFD 软件奠定了 CFD 软件(特别是商业 CFD 软件)良好的基础,目前都是基于

RANS 方程，稳健性好（测试充分、漏洞与错误少），与计算机软硬件的匹配好，计算进度可控，可在规定的时间内拿到需要的数据，特别适合现有的研发管理模式。但是，现有的 CFD 软件需要在下述方面进一步研究。

（1）需要减少用户开展 CFD 计算的准备时间。目前，CFD 软件计算准备时间长，网格生成耗费了用户 70% 以上的时间，可以考虑重点研究快速高质量的网格生成技术，或者研究与网格质量无关的数值方法。

（2）需要建立计算结果可准确估计的方法。目前，由于 CFD 采用的数值方法与网格的关联性强，网格好坏直接影响计算精度，同时转捩、湍流等数学模型不确定性较大，导致计算结果的精度一方面取决于软件本身，另一方面也取决于使用者的经验与认知水平。当前计算数据的精准度无法准确估计，计算数据准与不准的边界不清晰，只能凭用户的经验与专业素养进行估计，存在较大不确定性。

（3）需要进一步提升 CFD 计算准度。目前，影响 CFD 计算准度的核心因素是数学模型准度不够，需要重点开展转捩、湍流、燃烧、高熵、稀薄等复杂流动现象的数学模型研究，提高数学模型模拟自然现象的准确性。

（4）需要进一步提高 CFD 的使用经济性。目前，CFD 计算少量状态的优势明显，但如果面对飞行器研制所需大量工况，采用 CFD 所需的巨大计算机资源耗费往往使其经济优势不明显。例如，当前国内使用 CFD 软件获得一个计算状态结果需花费 100～300 元，而部分风洞获得 10 个状态结果的花费才 1 200 元，且周期还短。CFD 需通过提高收敛速度等措施降低使用成本。

7.3.3　结构热防护方面

由于"桑格尔"结构与材料系统的设计指标是非常超前的，因此飞行器所面临的技术挑战也是前所未有的。"桑格尔"的设计者们以飞行器方案设计目标为牵引，以当前世界顶尖飞行器的材料与结构技术为出发点，经过多方讨论研究，多轮技术迭代，最终对以下 3 个关键技术问题进行针对性突破。在各个关键问题研究中稳步推进并提出多种解决方案进行试验研究，最终证明其技术理论可行性，未见技术屏障。

1. 新型热结构技术

在"桑格尔"飞行器任务剖面下,"桑格尔"一子级飞行器要经历长时 $Ma4.5$ 巡航及短时 $Ma6.8$ 的高热载荷状态,在经过评估后认为类似于 X – 15 或 SR – 71 飞行器的金属热结构方案无法满足飞行任务,"桑格尔"的结构工程师们必须另辟蹊径,开展新型热结构技术研究。

在重复使用及严格的重量要求下,"桑格尔"的设计者们提出了多层金属的方案,具体的结构如图 5.10 所示,在后续的试验考核中证明,在更换金属基材的情况下,这种结构能够满足 400~900℃ 的使用要求。

从目前的技术手段来看,"桑格尔"机身大面积热防护的解决方案有以下几种。

1)刚性陶瓷瓦

刚性陶瓷防热材料的发展已经经历了 3 代:第一代是以 LI – 900(密度 0.141 g/cm^3)和 LI – 2200(密度 0.352 g/cm^3)为代表的全氧化硅纤维型可重复使用表面隔热材料;第二代为氧化硅纤维 + 氧化铝纤维型纤维耐火复合隔热材料(FRCI)(密度(0.128~0.8)g/cm^3);第三代陶瓷防热瓦为氧化硅纤维 + 氧化铝纤维 + 硼硅酸纤维型氧化铝增强热屏蔽隔热材料(AETB),其重复使用温度 1 530℃。

2)金属热防护系统

典型的金属热防护系统结构如图 7.8 所示。该结构由超耐热合金蜂窝 TPS 板拼装而成。外层蜂窝夹芯和侧面都由镍基超耐热合金 Inconel 617 制成。Inconel 617 是固溶体增强的合金,具有优良的抗氧化性、耐腐蚀性以及高温强度。这种合金可以承受 982~1 038℃ 的高温,极限瞬时耐热可达 1 093℃。在夹心结构内部填入绝热材料作为隔热层。填入的材料有氧化铝绝热层、石英纤维等。这种热防护系统其外层结构为耐高温合金,具有一定的强度和刚度,除了能够有效地起到隔热作用外,还能够抵抗部分外载冲击。

3)TOFROC 防热材料

TOFROC 防热材料由美国 Ames 研究中心研制,不仅能够承受再入时产生的高温,还解决了陶瓷瓦在高温环境下的热裂和抗氧化等瓶颈问

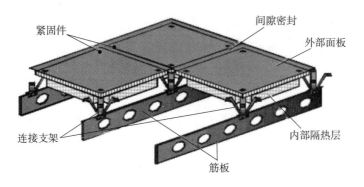

图7.8 典型的金属热防护系统结构

题。与传统的 RCC 材料相比，TOFROC 材料具有轻质、高温稳定性好、半球辐射率高、表面催化效率低、成本低、制造周期短等优点。TOFROC 主要由三部分构成：表面为添加钽基 HETC（高辐射低催化）涂层，中间为难熔抗氧化陶瓷/碳材料（ROCCI），内层为 AETB 或 FRCI 的纤维隔热基体（表面带有 TVFI 涂层）。

"桑格尔"所采用的多层金属结构与金属热防护系统类似，但"桑格尔"多层金属结构采用焊接形式相互连接，且涉及多种金属相互搭配组合，综合来看，"桑格尔"多层金属结构的可设计性更强，但其在耐温性能、后期维护性及制造工艺性与金属热防护方案之间存在差距。

2. 低温贮箱技术

低温推进系统所用容器包括压力容器和燃料贮箱，其中低温燃料贮箱作为低温推进系统中所占质量和体积最大的部件，是飞行器降低自重和体积的最主要部件。燃料贮箱用于贮运液氧、液氢、液态甲烷等燃料，主要特点是体积大、承载压力低。相比压力容器，贮箱的工作压力一般不会超过 1MPa。

"桑格尔"空天飞行器的低温贮箱与随后世界上的主要飞行器的设计思想类似，以飞行器轻量化为设计目标，采用贮箱与机身结构一体化设计，设计初衷采用金属隔热材料。但是在后期数据中，对于低温贮箱的材料测试改碳纤维增强聚氯乙烯夹层板，测试温度跨度为 $-250℃ \sim 100℃$，最终试验结果未知。在贮箱方案上，美国麦道公司曾对铝合金与碳纤维复合材料贮箱进行了质量对比，结果表明复合材料贮箱相比金属贮箱减重可以达到 20% ~ 40%，具有十分明显的减重优势。但复合材料贮箱需解决以下关键问题：

（1）低温条件下的复合材料性能变化。总体来说，树脂基复合材料在低温条件下的强度、弹性模量会有明显的提高，但韧性、断裂伸长率下降较为明显。低温条件下力学性能的变化直接影响到贮箱的设计。

（2）复合材料的渗透率控制。对于全复合材料结构的低温贮箱，复合材料结构层既要起到承载作用还需要对介质有密封的作用。尤其对于液氢贮箱，由于氢分子的体积更小，更容易透过材料，而且对于重复使用贮箱，经过热振循环后，材料很容易产生微裂纹，而内部微裂纹可以形成渗漏通道，导致材料密闭失效。

（3）液氧相容性。材料的液氧相容性是复合材料液氧贮箱必须具备的性能。相比金属材料，树脂基复合材料具有更强的抗氧化能力，但燃点、闪点、热分解温度等性能均低于金属。

由于复合材料贮箱的高效减重特点，复合材料低温贮箱成为未来的发展方向。复合材料应用于贮箱的制造需要解决低温疲劳、热振损伤、泄漏、液氧相容性等技术难题。这些技术问题，涉及复合材料微观力学、高分子材料、复合材料设计、先进制造技术等多学科，是一项复杂的工程。一旦复合材料低温贮箱获得应用，将为航天飞行器的未来发展带来深远的影响。

3. 试验技术

依据资料显示，"桑格尔"的试验设备仅涉及单一条件的试验仪器，如石英灯加热设备、噪声试验设备等。但是，"桑格尔"空天飞行器功能先进性和系统复杂性是无与伦比的，因此飞行器在研制中不可避免地将面临多学科交叉、多因素干扰、多物理场耦合等问题。

想要在地面进行飞行状态模拟试验，实现天地一致性，就必须考虑很多因素，如温度、气压、振动等因素都会对飞行器结构与热防护系统产生重大影响。试验技术的难点目前有以下 3 个方面。

1）试验系统总体方案设计

飞行器试验要达到考核的目的，试验条件就必须对飞行器的飞行环境具有覆盖性：一方面，需要对飞行器结构与热防护系统的实际工作条件做出仿真，获取其真实工作条件；另一方面，需依据飞行器的工作条件合理设计试验设备，尤其在涉及多种载荷相互耦合的条件下，需要合理确定飞行器考核的载荷数量及考核条件。

2）多种载荷的耦合加载方案

为实现各载荷之间的协调加载与控制，需要设计一套多系统集成平台，如图7.9所示。该平台应能实现多系统位置协调、加载装置光路通道预留、光学图像传输系统安装等功能，并且能够有效解决空间约束与系统干涉问题。

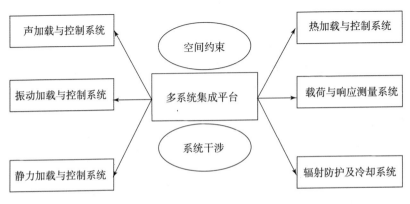

图7.9　多系统集成平台

3）关键参数测量技术

在多场耦合试验条件下，试验加载的各种载荷测量系统之间会相互干扰，导致最终测量数据相互耦合，无法得出有效实验数据。

7.3.4　制导控制方面

导航制导与控制系统是飞行器主要子系统之一，担负着飞行器的轨迹规划、轨迹制导与控制等多种类型复杂任务。然而，由于研制进度方面的问题，"桑格尔"项目终止时，还未开展制导控制方面的详细设计与研究工作。对此，根据现有资料，基于"桑格尔"空天飞行器方案和飞行任务剖面对其制导控制系统进行了复现设计工作和典型任务仿真分析，并在此基础上分析了其制导控制系统设计过程中存在的关键问题，为读者提供参考。

1. 制导控制系统复现设计

根据"桑格尔"方案的任务需求与飞行剖面,对一子级和二子级制导控制系统的设计约束如下。

对于一子级,地面滑跑段通过方向舵和转向轮的协调进行滑跑方向控制,做出起飞时机判断,并通过升降舵控制飞行器抬前轮和离地起飞;加速爬升段完成上升段制导和控制指令计算,并向机载作动系统发送信号,完成起落架收放时机决策与收放控制;与发动机控制单元配合完成组合发动机工作特性和模态转换过程控制;无动力下滑段和末端能量管理段完成轨迹规划及制导解算,完成飞行控制律计算并向气动舵、减速板等电子控制装置发送控制指令;自主着陆段完成着陆轨迹规划、着陆导引和着陆控制计算,通过气动舵面、减速板或涡轮发动机油门(有动力着陆时)的联合控制,完成下滑线跟踪、拉平及接地过程的控制。

对于二子级,两级分离段完成飞行状态监测,按照时序和飞行状态做出决策与控制,实现一、二子级的安全分离;二子级上升入轨段完成导航任务,包括轨迹制导、姿态控制以及测控等所需的导航定位信息,具备在线轨迹调整能力,依据导航定位信息,实时解算制导指令和飞行轨迹,并向姿态控制系统发送制导指令,控制飞行器精确入轨;在轨运行段执行太阳能帆板对日定向控制、轨道维持和轨道机动等任务,具备对轨道和姿态进行调整,需要具备惯性动量交换装置实现姿态控制,并具备动量卸载能力;离轨段通过轨控发动机工作来减速制动,通过姿控发动机进行姿态控制,使飞行器到达再入窗口;再入飞行段完成再入制导解算、再入复合控制指令解算及控制分配,向反应控制系统(RCS)及气动舵控制装置发送控制指令;末端能量管理和自主着陆段完成制导控制解算,向气动舵、减速板、起落架收放装置等电子控制装置发送控制指令,完成多操纵面协调控制。

此外,一、二子级还需完成全程导航定位、故障检测和系统余度容许下的控制重构任务;提供迎角限制、飞行包线极限值监测与边界控制等功能,确保飞行器全包线的飞行安全;提供放宽静稳定性、阵风减缓和主动颤振抑制等主动控制功能,确保全飞行包线达到预期的飞行品质;提供全飞行包线自主或自动飞行控制功能,并具备通信远程通信系统进行遥控飞行的能力。

考虑到地面滑跑和在轨任务已有较为成熟的设计、分析和实验方法，本章将重点考虑"桑格尔"飞行器在大气层和临近空间的设计约束，基于披露的"桑格尔"空天飞行器气动性能数据，对制导控制系统进行复现设计。在忽略地球曲率及自转特性条件下，飞行器纵向刚体模型的运动特性可以由如下方程描述：

$$\begin{cases} \dot{h} = V\sin\theta \\ \dot{V} = \dfrac{T\cos\alpha - D}{m} - g\sin\theta \\ \dot{\theta} = \dfrac{L + T\sin\alpha}{mV} - \dfrac{g\cos\theta}{V} \\ \dot{\vartheta} = \omega \\ \dot{\omega} = \dfrac{M}{T} \end{cases}$$

式中，V 为飞行器飞行的空速；α 为飞行攻角；h 为飞行器高度；θ 为航迹倾角；ϑ 为飞行器俯仰姿态角；ω 为纵向俯仰角速度；g 为重力加速度；m 为飞行器当前质量，并且攻角、航迹倾角和俯仰角之间满足 $\alpha = \vartheta - \theta$。

由于该方程本身、气动特性和推力特性均具有较大的非线性，工程一般采用平衡点小扰动线性化和冻结系数的方法来分析飞行器的相关控制性能，即

$$\frac{\mathrm{d}}{\mathrm{d}t}\delta x = \boldsymbol{A}\delta x + \boldsymbol{B}\delta u$$

式中，$\delta x = \begin{bmatrix} \delta V & \delta\theta & \delta\vartheta & \delta\omega \end{bmatrix}^{\mathrm{T}}$ 为平衡点附近的局部变量或状态增量；$\boldsymbol{A}$ 为飞行器在该点的系统矩阵；$\delta u = \Delta\delta_e$ 为升降舵控制增量；$\boldsymbol{B}$ 为控制矩阵，状态 δx 的变化趋势决定了飞行器的动稳定性。

基于上述思路：首先对飞行剖面典型点配平特性进行了分析，结果表明"桑格尔"飞行器从稳态的角度具备实现任务剖面的条件，然后对飞行器在无控条件下的开环飞行品质进行了分析。结果表明，在任务剖面内组合体、一子级与二子级大部分工作点模态均无法实现稳定控制，需要设计自动控制系统，实现对标称飞行轨迹的高精度稳定跟踪，安全完成飞行任务。

对此，基于现代控制理论设计内环姿态和外环高度的双回路控制策略，在保证飞行器稳定性的同时，实现对给定高度和速度指令的快速准

确跟踪。内环姿态回路全程以攻角作为控制变量,控制结构采用俯仰角速度和攻角作为反馈变量,控制参数根据马赫数实时进行增益调度。姿态内环的控制策略为

$$\Delta\delta_e = \begin{bmatrix} K_\alpha & K_\omega \end{bmatrix} \begin{bmatrix} \delta\alpha \\ \delta\omega \end{bmatrix}$$

飞行器的外环攻角指令采用高度状态的 PD 控制实现,即

$$\delta\alpha_c = K_H\delta H + K_{\dot H}\delta\dot H$$

采用现代控制理论对控制参数 K_α、K_ω、K_H、$K_{\dot H}$ 进行设计,以保证飞行器对指令的快速跟踪控制。典型点的仿真分析结果表明,系统由外部扰动引起的状态增量迅速收敛,在系统所有参数存在 20% 拉偏摄动的情况下,系统的收敛速度几乎没有变化,可以实现飞行器全剖面下的高度回路快速跟踪功能。

为验证上述高度跟踪与姿态控制系统的任务完成能力,分别对组合体爬升飞行段、一子级返航飞行段和二子级再入飞行段进行了轨迹仿真校验,以验证 "桑格尔" 飞行器的任务效能,结果如图 7.10 ~ 图 7.13 所示。可以看出,组合体飞行器可以稳定地实现涡轮动力和冲压动力的

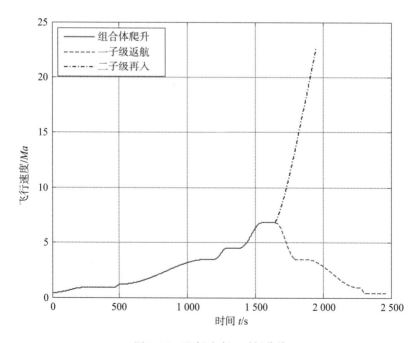

图 7.10　飞行速度 - 时间曲线

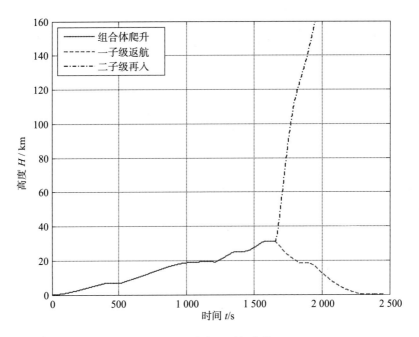

图 7.11　高度 – 时间曲线

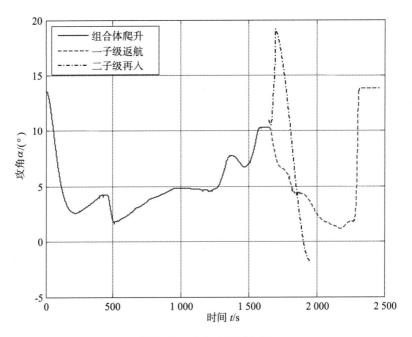

图 7.12　攻角 – 时间曲线

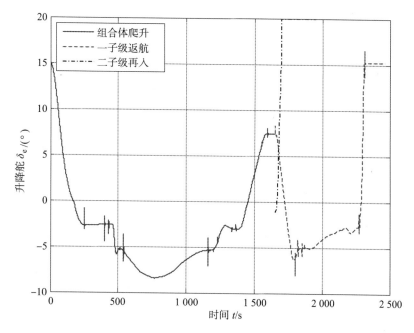

图 7.13 升降舵 – 时间曲线

加速、爬升，达到设计的分离点；一子级飞行器能够完成自主减速和返航功能；二子级飞行器则能够稳定安全地完成入轨任务，且高度、速度、航迹角、攻角和升降舵均在设计的区间范围内。综合以上结果，表明"桑格尔"飞行器的外形、气动和控制舵面的设计，配合主动制导控制系统具备完成既定任务的能力，其总体设计方案从控制的角度而言是可行的。

2. 面临的关键问题

"桑格尔"空天飞行器存在采用高度机体推进一体化构型（图7.14）、使用 TBCC 发动机跨宽速域加速飞行、存在稀薄气体与高温气体效应和流动转捩等复杂特性、面临大规模轻质结构带来的结构弹性问题，面向控制的对象呈现出强耦合、强时变、强不确定性、强非线性等特征。同时，"桑格尔"空天飞行器任务模式多、飞行过程复杂，兼具大气层内宽域加速飞行、高速大动压分离、长时间在轨飞行、升力式再入返回和自主水平着陆等任务过程，制导控制系统必须具有适应空天往返飞行的高精度制导能力、强稳定控制能力以及故障情况下的自愈合能力。针对"桑格尔"空天飞行器复杂对象特性和高品质制导控制要求，作者提炼出"桑格尔"空天飞行器制导控制系统设计工作中所面临的几点关键问题。

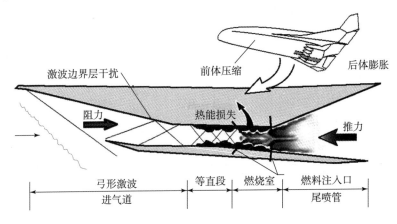

图 7.14　机体推进一体化构型

1）多维耦合非线性动力学建模问题

"桑格尔"空天飞行器采用高度机体推进一体化构型，气动特性与推进特性互相影响与制约。一方面，飞行器前体下表面充当了发动机的进气道，空气来流需要经过机体下表面预压缩后才流入发动机内部，飞行攻角、侧滑角的变化会显著影响发动机进气流量特性与品质，从而影响推进性能；另一方面，飞行器后体下表面充当了发动机的尾喷管，发动机喷出气流直接作用于后体下表面，产生额外升力与俯仰力矩。当发动机工况发生变化时，尾喷管喷出气流特性变化将显著影响后体下表面流场和压力分布，推力、升力与俯仰力矩特性变化显著。伴随加速爬升过程涡轮/冲压组合发动机发生模态转换，不同模态下发动机性能受气动来流特性影响规律差别大。

同时，"桑格尔"空天飞行器在其整个飞行过程中将面临复杂的环境特性，稀薄气体效应、高温气体效应以及流动转捩等机理尚不明确，动力学模型不确定性强。一方面，高超声速飞行时周围空气静温将被激波加热到数千度，在高温下空气分子将产生振动激发、离解，甚至电离，使普通空气成为包含热化学反应的复杂流体介质。图 7.15 为高温气体效应示意图。空气的热力学特性改变，会导致飞行器表面压力分布不确定性变强,飞行器所受气动力矩发生剧烈变化,同时热力学特性的改变给制导控制系统提出了新的约束。另一方面,高空飞行时存在稀薄流动问题,在局部位置引起速度滑移与温度梯度跳跃,导致升阻特性、力矩特性发生改变。此外,姿态和高度的变化将显著影响飞行器发生转捩的位置,从而影响飞行器表面压力分布,进一步增加了复杂流动环境下的气动特性数据准确获取难度。图 7.16 为转换形成过程示意图。综上所述,高温气体效应、稀薄气体效应、高超声速飞行转捩通过影响飞行器表面流场,改变所受气动力、力矩特性,使"桑格尔"空天飞行器面临较大的动力学模型不确定性。

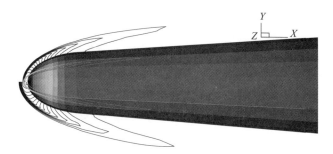

图 7.15　高温气体效应示意图(见彩插)

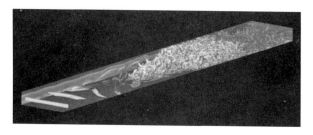

图 7.16　转捩形成过程示意图

此外,"桑格尔"空天飞行器结构在严酷热力学载荷作用下产生结构弹性形变与弹性振动,对飞行动力学影响显著。"桑格尔"空天飞行器在级间分离时刻头部最高温度达到了 1 335℃,尖锐前缘等区域的温度也达到了 840℃,大面积区域的温度达到了 600℃左右。飞行器面临严重的气动加热效应,不仅使结构的承载能力下降,而且由于温度场在时间和空间的分布不均匀性,结构内部形成较大的温度梯度,产生附加的热应力的同时,材料弹性模量和泊松比等机械性能也会发生变化,直接影响结构的有效刚度。同时，结构在严酷气动力载荷作用下还会引发机体弹性形变和振动，控制面偏转后受到弯矩将导致控制面发生形变，可能造成控制效率降低甚至反效。

根据上面的分析，"桑格尔"空天飞行器制导控制系统将面临多维耦合非线性条件下动力学建模与特性分析的问题。图 7.17 为气动热力/结构/推进/控制耦合关系示意图。在现有的技术条件下，大量的计算仿真、地面试验和飞行试验数据为宽速域耦合动力学建模提供了支撑。同时，随着临近空间环境影响机理研究与地面风洞能力的不断提升，模型精度逐步提升。此外，飞行力学与结构动力学联合建模、空天飞行器多学科仿真手段的发展也促进了空天飞行多维耦合非线性建模技术的发展。未来重点将是在逐步细化空天一体动力学模型的基础上，充分考虑飞行力学与发动机热力循环、结构弹性动力学等耦合影响，拓展飞行力学理论体系，形成空天一体多维耦合动力学分析理论。

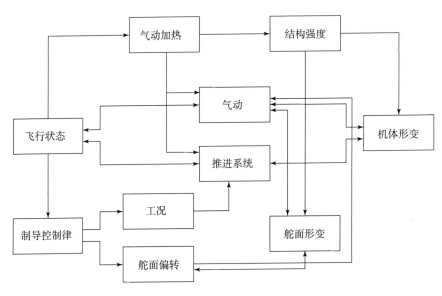

图 7.17　气动热力/结构/推进/控制耦合关系示意图

2）跨域高精度制导问题

"桑格尔"空天飞行器一子级爬升飞行段轨迹规划与制导面临加速时间长、设计变量多、动力学耦合强等难点。从"桑格尔"空天飞行器加速到 $Ma6.8$、高度 31 km 的过程中可以看出，平均加速度较小，特

别是跨声速过程推阻余量小,因此采用拉平轨迹策略缓解加速压力。图
7.18 为再入飞行走廊。此外,飞行轨迹调节变量涉及气动姿态角、燃油
当量比等控制变量等,而且发动机进气条件对攻角、侧滑角的限制,过
大的攻角、侧滑角降低发动机进气效率,影响发动机燃烧效率,推力将
急剧下降。同时,攻角、侧滑角的动态过程也受到严格约束,攻角、侧
滑角的快速变化可能引起发动机进气道气流脉动,引发发动机喘振造成
发动机结构损坏,或者造成进气道溢流不起动而发动机熄火等问题。此
外,气动姿态角、燃油当量比等控制变量不仅影响气动性能还影响发动
机性能,在飞行轨迹设计中表现为不同控制输入间、控制输入与飞行状
态间的交叉耦合。

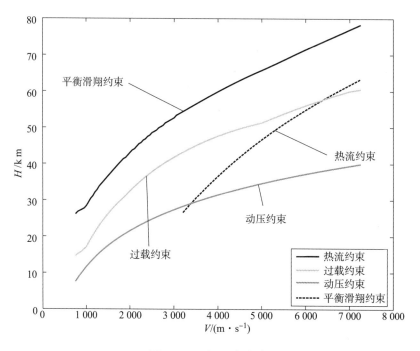

图 7.18 再入飞行走廊

此外,"桑格尔"空天飞行器二子级再入飞行段面临飞行走廊狭
窄、不确定性强等问题(图 7.20)不管是载人还是货运飞行器方案,
都需要满足从轨道返回后的自主再入大气层、能量管理与自主着陆任务
需求。再入返回过程中,不仅需要考虑热力学载荷要求带来的动压、过
载和热流等约束,还应充分考虑返场需求带来的终端速度、高度及航程

约束。同时，考虑姿态控制幅值和响应速度约束，如何在狭窄飞行走廊下规划出再入飞行轨迹面临极大的技术挑战。此外，"桑格尔"空天飞行器离轨过程中，飞行速度大，施加脉冲制动存在微小误差将导致再入初始状态偏差较大，表现在再入初始状态散布大，再入过程中历经真空、临近空间及稠密大气层，复杂气动环境带来较大不确定性，高精度再入制导面临困难。

飞行包线大幅扩展、飞行任务模式多、自主可靠性要求高等特点对"桑格尔"高精度制导提出了更高的需求。在当前的技术条件下，虽然在组合动力爬升段、火箭动力入轨段、再入返回段、能量管理段与自主着陆段等相关飞行阶段制导技术已经取得了较大进展。但是，面向更大空域更宽速域的空天往返飞行，制导技术仍然面临较大挑战。未来可借助高效计算理论与人工智能方法等手段，进一步提升制导性能，为打开通向空天飞行之门提供技术储备。

3）高可靠强稳定控制问题

"桑格尔"空天飞行器高度一体化，其飞行控制任务和发动机控制任务无法明显地分开，要想实现其稳定控制，需要探究飞行器刚体动力学与冲压发动机热力学耦合特性。掌握飞行动力学状态与发动机内部状态之间的影响特性与规律，从而明确飞行控制与超温/进气道不起动等发动机保护控制动态约束关系。在飞行控制回路引入发动机内部状态参数，综合考虑兼顾发动机安全裕度与飞行控制品质的性能指标，实现飞行器控制和发动机控制的深度组合和协同控制。

此外，"桑格尔"方案中组合体采用背负式，还需考虑两级分离过程中的稳定控制问题。在飞行到 $Ma6.8$ 附近后，下面级向下飞行、上面级拉起，要求级间分离后每一级均必须具备稳定可控飞行的能力，实现并联组合体高速分离。由于在"桑格尔"方案中组合体加速到分离速度时，一、二子级质量差变小，临近空间高超声速流动状态下，分离时二者之间激波与边界层干扰严重，伴随高温气体效应、非定常效应、壁面效应以及尾部喷流耦合，级间复杂气动力热耦合效应显著。

近年来，在宽速域机体推进一体化控制理论、两级并联分离动力学模型修正等方面都取得了一定进展。在重复使用的需求下，对飞控系统可靠性提出了更高的要求：未来一方面从飞控系统设备的裕度配置、监控面设计、信号传递方式等裕度配置技术提升系统可靠性；另一方面可通过发生故障后的智能故障信息诊断及自重构控制入手，提升飞行控制系统的自愈合能力。

7.4　小　　结

对自由空天飞行的追求是人类不懈努力的源泉。"桑格尔"空天飞行器是一个复杂且庞大的系统工程，需要攻克大量的技术问题，并开展广泛试验验证，单单依靠一个国家的力量远远不够。德国深刻地认识到这一点，因此在整个方案研究的过程中都非常注重与其他国家之间的交流与合作。科学没有国界，在"桑格尔"方案研究的牵引下，世界各国的科学家围绕自由空天飞行的共同目标纷纷联合起来，集智攻关，开创了国际上大规模合作的新格局，也为未来解决人类面对的共同问题提供了一种新的应对模式。虽然"桑格尔"方案由于技术原因最终下马，但积累了大量宝贵的经验，为人类再次冲击空天飞行打下了坚实的技术和人才基础。不仅如此，对于空天飞行器这种复杂庞大的系统工程，"桑格尔"方案在大工程目标牵引下的创新探索与国际合作等管理模式在今天依然有效，值得我们学习和借鉴。

从总体方案的技术可实现性来看，最终制约方案进展的是组合动力问题。气动、材料结构、控制方面在当时都有基本可行的解决方案，均不存在难以攻克的技术问题，但组合动力方案还只是设想阶段，需要进一步开展研究和试验验证。由于动力水平的制约，在当时的技术条件下空天飞行是不可实现的，技术问题是造成"桑格尔"方案下马的主要原因。近年来，随着动力技术的逐步突破，空天飞行再次被提上日程。此外，空天飞行器的研制花费巨大，也是一个国家综合国力的体现，"桑格尔"方案的下马也与资金问题有关。这也表明以当时的技术水平和德国发展条件，尚不足以支撑完成空天飞行器这一复杂庞大的系统工程。

从"桑格尔"方案研究的经验教训来看，要想完成大工程目标，在技术上不能存在短板，需要对研究进行统筹和全面的安排。对于意义重大且花费巨大的工程，需要由国家行为主导，以国家意志联合国内相关优势单位，并开展广泛的国际合作，从而有力推动技术发展。

参考文献

[1] KUCZERA H, SACHER P W. 可重复使用空间运输系统[M]. 魏毅寅, 张红文, 王长青, 译. 北京: 国防工业出版社, 2015.

[2] DENEU F, MALASSIGNE M, LECOULS O, et al. Promising solutions for fully reusable two-stage-to-orbit configurations[J]. Acta Astronautica, 2005, 56(8): 729 – 736.

[3] MINAMI Y, ISHIMOTO S, Mori T, et al. Design study on a small-sized partially reusable launch system[C]/13th AIAA International Space Planes and Hypersonic Systems and Technologies, Capua, Italy, May 16 – 20, 2005.

[4] ZHOU J X, XIAO Y T, LIU K. Preliminary analysis for a two-stage-to-orbit reusable launch vehicle[C]/20th AIAA International Space Planes and Hypersonic Systems and Technologies Conference, Glasgow, Scotland, July 6 – 9, 2015.

[5] 唐硕, 龚春林, 陈兵. 组合动力空天飞行器关键技术[J]. 宇航学报, 2019, 40(10): 1103 – 1114.

[6] WANG Z G, WANG Y, ZHANG J Q, et al. Overview of the key technologies of combined cycle engine precooling systems and the advanced applications of micro-channel heat transfer[J]. Aerospace Science and Technology, 2014(39): 31 – 39.

[7] BULMAN M J, SIEBENHAAR A. Combined cycle propulsion: Aerojet innovations for practical hypersonic vehicles[C]/17th AIAA International Space Planes and Hypersonic Systems and Technologies Conference, San Francisco, USA, April 11 – 14, 2011.

[8] 王立宁. 空天飞行器气动技术研究[J]. 战术导弹技术, 2018(4): 32 – 37.

[9] ADAM J C, JACK J M. Studies on fluid-thermal-structural coupling for aerothermoelasticity in hypersonic flow[J]. AIAA Journal, 2010, 48(8): 1721 – 1738.

[10] 陈玉峰, 洪长青, 胡成龙, 等. 空天飞行器用热防护陶瓷材料[J]. 现

代技术陶瓷,2017,38(5):1 – 9.

[11] BUFFENOIR F, ZEPPA C, PICHON T, et al. Development and flight qualification of the C-SiC thermal protection systems for the IXV[J]. Acta Astronautica,2016,15(1):152 – 163.

[12]王长青,佘文学,史晓丽,等. 空天飞行器制导控制技术展望[J]. 战术导弹技术,2016(6):1 – 7.

[13]姚德清,魏毅寅,杨志红,等. 空天飞行器制导控制技术研究进展与展望[J]. 宇航学报,2020,41(7):850 – 859.

[14]JOHNSON E N, CALISE A J, CORBAN J E, et al. Adaptive guidance and control for autonomous hypersonic vehicles [J]. Journal of Guidance,Control,and Dynamics,2006,29(3):725 – 737.

[15]GUO J,LIU K,WANG X D,et al. A piecewise control synthesis approach for nonlinear systems with application to hypersonic vehicle [C]// Xiamen,2018 IEEE CSAA Guidance,navigation and control conference, 2018

[16]GUO J, ZHANG H W, GUAN C Q, et al. Research on the conceptual design of the TSTO commercial crewed space plane powered by T-RBCC engine[C]//Adelaide,68th international astronautical congress,2017.

[17]ZHANG H W,GUO J,XU Y S,et al. Research On TSTO reusable launch vehicle powered by turbo-aided RBCC engine[C]//Xiamen,21st AIAA International Space Planes and Hypersonics Technologies Conference, 2017.

[18]龙乐豪,王国庆,吴胜宝,等. 我国重复使用航天运输系统发展现状及展望[J]. 国际太空,2019(9):5 – 10.

[19]佘文学,刘晓鹏,刘凯. 桑格尔空天飞行器技术途径分析与思考[J]. 火箭推进,2021,6:1 – 12.

第8章 总结与展望

8.1 "桑格尔"同期重复使用空间运输系统的研究情况

德国"桑格尔"方案提出的同期，美国、苏联、欧洲其他国家以及中国等多个国家围绕重复使用空间运输系统也都纷纷展开了规模空前的概念研究与技术探索，人类在重复使用空间运输系统方面积累了大量的试验数据和研制经验。然而，受当时各方面条件的限制，大多数的研发计划未能达到预期效果，最终与德国"桑格尔"空天飞行器相同，都难免被迫终止研制计划。

8.1.1 美国

美国 20 世纪 70 年代初提出基于火箭动力的航天飞机计划，先后制造了 6 架航天飞机，共完成了 135 次飞行，首架航天飞机"哥伦比亚"号于 1982 年正式投入运行。1986 年 1 月，"挑战者"号航天飞机因固体火箭助推器上的 O 型橡胶密封圈出现泄漏导致爆炸，使机上 7 名宇航员全部遇难。这一事件使得以后两年内所有的飞行计划全部取消，直至 1988 年下半年才重新投入使用。2003 年 2 月，载有 7 名宇航员的美国"哥伦比亚"号航天飞机在结束了为期 16 天的太空任务之后返回地球，但在着陆前发生意外，航天飞机解体坠毁。此后的几年内，航天飞机的使用次数大大降低。美国起初对航天飞机计划的总预算为 430 亿美元（换算为 2011 年美元价格），每次发射费用为 5 400 万美元，而实际上其经费使用远远超出预算。截至 2011 年，航天飞机计划实际使用经费达到 1 960 亿美元。单次发射的费用约为 4.5 亿美元，超出预算 10 倍之多，而一次性使用的宇宙飞船造价仅为 2 亿～3 亿美元。最终，考虑技术风险造成的安全问题以及维护费用过高，美国决定终止所有航天飞机的服役。2011 年 7 月,"亚特兰蒂斯"号航天飞机完成最后一次飞行任务,宣告美国航天飞机时代的结束。

1986 年,原计划于 1993 年完成单级入轨验证机研制与飞行试验。图 8.1 为单级入轨验证机 X – 30 空天飞行器想象图。但随着研究的不断深入,研究人员逐渐意识到单级入轨的技术难度远超预期,项目研制进度不断延期,再加上研制经费严重不足,到 1996 年最终下马,仅停留在方案阶段。

图 8.1   X – 30 空天飞行器想象图

8.1.2   苏联

苏联早期提出的"螺旋"空天飞行器计划由于资金和技术上的困难,最终只制造出一架米格 – 105 的亚声速气动外形验证机,宣告"螺旋"计划终止。1978 年,苏联提出发展基于火箭动力的"暴风雪"号航天飞机作为下一代轨道飞行器,然而在 1988 年,第一架"暴风雪"号航天飞机完成首次不载人轨道飞行试验后,由于经费和政治原因,被终止执行。1988 年,苏联闪电设计局还提出了"多用途航空航天系统"(MAKS)计划,用于执行更为广泛的太空任务。图 8.2 为苏联 MAKS空天飞机。MAKS 由两级构成:一子级是为了运输"暴风雪"号航天飞机而制造的大型运输机 An – 225;二子级是由基于火箭动力的可重复使用轨道器和不可重复使用的燃料贮罐组成,发动机创新性地采用了液氧 – 煤油 – 液氢三组元推进剂。在仅仅 3 年的研制时间中,这一项目取得了巨大进展,但最终随着苏联解体而被迫终止。

图 8.2　苏联 MAKS 空天飞机

在"暴风雪"号航天飞机计划的同期,苏联由波列夫设计局同步启动了图 – 2000 空天飞行器计划,制造一架基于组合动力的单级入轨空天飞行器。在1992 年 8 月的莫斯科航展上,俄罗斯展出了图 – 2000 空天飞行器的方案模型,其外形类似于美国的 X – 30,但后来图 – 2000 空天飞行器只进行了几次发动机试验,便在苏联解体后因为政治和经济原因而放弃了。

8.1.3　欧洲其他国家

法国在 20 世纪 80 年代初期提出的小型航天飞机计划"使神"号方案设计经历了反复修改调整,1985 年底才基本定型,而 1986 年又因设计起飞总质量大大超过"阿丽亚娜 5 号"火箭的运载能力而使该计划设计审查受阻。1991 年,这一计划因技术和政治原因推迟了是否继续实施"使神"号计划的决策时间,1992 年总预算已远超 1988 年的 50.5 亿美元,达 90 亿美元之多,该计划未能得到 ESA 部长级会议的通过,首飞时间再推迟到 2002 年。最终在 20 世纪末,"使神"号计划因预算和技术问题被迫终止。1986 年,时值"使神"号计划的实施困难重重,法国国家空间研究中心(CNES)启动了基于组合动力的空天飞行器方案论证工作。初步确定了围绕涡轮火箭发动机、涡轮火箭发动机扩展机、引射式冲压发动机 3 种组合动力形式,最终形成 STAR – H、STS – 2000、Oriflamme、Radiance 和 Prepha 5 种空天飞行器方案。

英国在 20 世纪 80 年代提出的"霍托尔"空天飞行器计划由于单级入

轨和水平起飞的技术难度很大、投入多，在 1992 年也难逃被搁浅的命运。

8.1.4　日本

1982 年开始，日本国家航空航天实验室就开始了不同航天飞机方案的分析与研究。1987 年，日本在 H-2 运载火箭研制成果的基础上，提出了 HOPE 计划，研制一架 20t 级小型无人航天飞机。HOPE 航天飞机利用 H-2 运载火箭垂直发射入轨，在普通机场跑道上着陆回收。HOPE 计划包括高速飞行验证（HSFD）等一系列先期飞行试验图 8.3 为 HSFD 阶段Ⅱ飞行器（着陆照片）、HOPE-X 无人再入飞行器回收验证机以及改进型 HOPE-XA 验证机试验等。然而，原定于 2005 年进行的 HOPE-X 飞行试验在 H-2 火箭发射失利后被推迟，日本在对未来空间运输系统重新展开讨论后评定认为，在对关键技术进行再次试验和攻关前，暂不进行日本第一代 RLV 方案研究。2000 年，日本冻结 HOPE 计划。

图 8.3　HSFD 阶段Ⅱ飞行器（着陆照片）

总体来看，20 世纪 70 年代至 20 世纪末的这一时期里，与"桑格尔"方案基本同期所提出的空天飞行器计划最终均纷纷下马。分析其可能的原因，主要包括技术和政治两个方面的因素。在当时的技术条件下，超燃冲压发动机关键技术尚未取得突破，部分空天飞行器的方案采用火箭发动机作为动力，重复使用难度大大提高。此外，受当时的仿真模拟和地面试验条件的限制，人们对高超声速条件下的流动机理、结构热防护失效机理等规律认识不够深入，尤其是对于单级入轨方案，超宽域复杂飞行剖面下对动力、气动和结构性能都提出了相当高的要求，由原理可行到技术实现还需经历较为漫长的探索。在研究项目进行初期规划时，技术人员对这些技术难度的认识并不充分，追求过度超前的发动机性能和一步到位的总体设计，相关研究经费和研制进度均远远超过预期，导致计划下马。除了技术方面的原因，政治因素也加速了相关计划的下马。1991 年苏联解体前后，其在航天方面的科研经费大幅下降，从 1990 年到 1994 年航天企业总人数减少了 1/3，专家流失将近一半，经费缩减与人才流失的双重影响使航天工业受到了极大的重创，"暴风雪"号航天飞机、MAKS 空天飞机、图 - 2000 空天飞行器等计划均被终断。随着苏联解体，美苏冷战宣告结束，持续近半个世纪的无节制军备竞赛也随之落下帷幕，美国航天部门的预算也大幅缩减，为相关研究计划的实施带来困难。

8.2 进入 21 世纪后重复使用空间运输系统的发展

虽然到 20 世纪末，各项关于空天飞行器的研制计划纷纷下马，但世界各国并未降低对空天飞行器的研发热情。通过总结经验教训，各国对空天飞行技术的难度和复杂性逐渐有了更加充分的认识，均意识到总体发展目标必须与关键技术的发展水平相适应，目标太高、指标太超前就会增加关键技术的难度和数量，也难以降低成本和提高可靠性，并且直接影响目标的可实现性。进入 21 世纪后，基于这一新的认识，世界各国对空天飞行器的研究按照先技术攻关、后集成验证的思路，进行了全面布局。

8.2.1 美国

2001 年，美国提出了国家航空航天倡议（NAI）（图8.4），建议协调、有序地发展高速/高超声速技术、空间进入技术和空间技术三大技术，系统牵引空天飞行领域的发展最终实现远程打击、空间进入和空间控制的目的。

2011 年，波音公司负责开展了 XS - 1 研制项目，计划使用洛克达因公司的 AR - 22 氢氧火箭发动机，在垂直起飞发射后，加速飞行至大

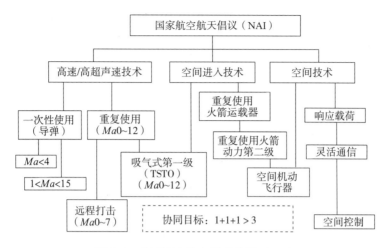

图 8.4　美国国家航空航天倡议（NAI）

气层边缘，并释放一次性使用上面级。之后，XS‑1 空天飞行器（图 8.5）掉转方向返回地球，像飞机一样水平落地。该项目原计划分为 3 个实施阶段，分别是初步设计阶段、制造与集成阶段、飞行试验阶段。

图 8.5　XS‑1 空天飞行器

2014 年，英国反作用发动机公司提出的 SABRE 发动机方案，受到美国空军研究实验室（AFRL）的关注，AFRL 与反作用发动机公司开展了联合研究工作。2016 年，AFRL 公布了基于 SABRE 发动机的两级入轨空天飞行器方案。在开展概念方案研究的同时，AFRL 也在 2016 年初安排了预研项目，研究和测试 SABRE 发动机的核心技术，即适用于 $Ma4$ 级高速涡轮发动机的预冷技术。图 8.6 为基于 SABRE 发动机的两级入轨空天飞行器。

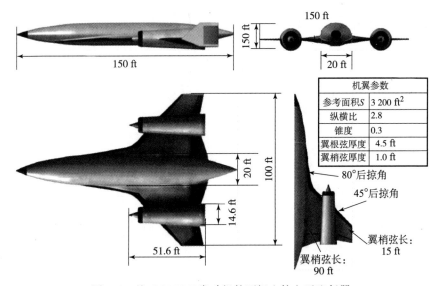

机翼参数

机翼参数	
参考面积S	3 200 ft²
纵横比	2.8
锥度	0.3
翼根弦厚度	4.5 ft
翼梢弦厚度	1.0 ft

图 8.6　基于 SABRE 发动机的两级入轨空天飞行器

8.2.2　欧洲其他国家

2003 年，英国在"霍托尔"空天飞行器研究经验和基础上，提出了"云霄塔"（Skylon）单级入轨空天飞行器。2014 年，英国在国际宇航联大会上公布了 Skylon 飞行器的近期研究进展，明确采用 SABRE 发动机；2019 年，SABRE 发动机通过欧空局的初步设计评审，并完成了大尺寸预冷却器样机 HTX 的高温地面试验，成功验证了 $Ma3.3$、$Ma5$ 条件下的预冷技术；2020 年，英国反作用发动机公司宣布启动技术飞行演示验证平台方案研究，用于 SABRE 发动机技术的飞行演示验证。图 8.7 为英国 Skylon 单级入轨重复使用空天飞行器。

2002 年，德国启动了 SHEFEX 高超声速飞行试验计划，除对材料和结构进行测试外，还进行实际飞行数据与数值模拟和地面测试结果的比较，这对于修正模拟工具以及验证地面测试结果的有效性非常重要。目前，该项目设计了两种飞行器，分别是 SHEFEX 1 和 SHEFEX 2（图 8.8），已经分别完成了飞行试验。2016 年，德国从飞行环境，以及

图 8.7　英国 Skylon 单级入轨重复使用空天飞行器

（a）

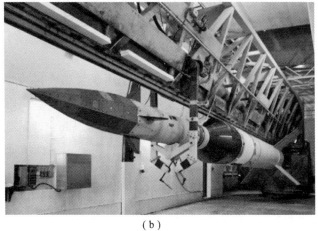

（b）

图 8.8　SHEFEX 1 和 SHEFEX 2 飞行器

（a）SHEFEX 1；（b）SHEFEX 2

FOTON、EXPERT、HIFiRE、SHEFEX 1、SHEFEX 2 等技术验证试验的结论出发，认为在现阶段实现重复使用组合动力空天飞行器二子级具有较高的可行性，并围绕空天飞行器二子级开展了技术演示验证飞行试验，方案如图 8.9 所示。

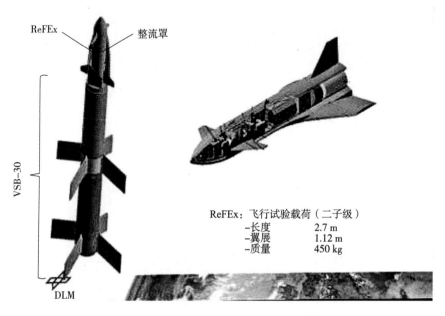

图 8.9   空天飞行器二子级技术演示验证飞行试验

8.2.3   澳大利亚

2006 年，澳大利亚与美国联合开展了用于高超声速基础研究的飞行试验 HIFiRE 项目。HIFiRE 项目主要通过开展低成本的飞行试验来研究基本的高超声速现象，开发并验证用于下一代高超声速系统的基础技术，主要包括气动外形试验、发动机试验、高超声速控制试验三类试验，目前已完成多次飞行试验且获得了丰富的试验数据。图 8.10 为 HIFiRE8 试验飞行器。

澳大利亚昆士兰大学在 HIFiRE 项目背景下提出了三级入轨 SPARTAN 空天飞行器方案：一子级为运载火箭；二子级为吸气式动力飞行器（图 8.11）；三子级为运载火箭。其中，二子级吸气式动力飞行器可在二、三级分离后自主返回。二子级吸气式动力飞行器采用的超燃

图 8.10　HIFiRE8 试验飞行器

冲压发动机能够将飞行速度由 $Ma6$ 提升至 $Ma12$。现阶段，昆士兰大学重点针对 $Ma6 \sim 12$ 的超燃冲压发动机开展技术研究，目前已完成了 $Ma12$ 条件下的地面脉冲风洞试验，试验结果表明发动机能够在富燃条件下启动。

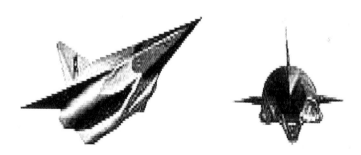

图 8.11　SPARTAN 二子级吸气式动力飞行器

8.2.4　日本

2005 年，日本宇航研究开发局（JAXA）公布了一项两级入轨运输系统研制计划。该计划兼顾了超声速/高速运输机和天地往返飞行器双重目标，按用途划分为无人和有人驾驶的飞机和天地往返运输系统。其中，一子级飞行器以 TBCC 组合发动机为动力，最大飞行速度为 $Ma5$ 左右。图 8.12 为 JAXA 公布的两级入轨运输系统。

图 8.12　JAXA 公布的两级入轨运输系统

8.3　对未来空天时代的展望

回顾 20 世纪 50 年代以来空天飞行器的发展历程，世界各国始终瞄准重复使用的目标，走出了基于火箭动力和基于组合动力的两条发展路线。

在两条路线中，技术难度相对较低的火箭动力空天飞行器率先实现了重复使用的目标，并逐渐向商业化发展。美国太空探索技术公司（SpaceX）研发的"猎鹰 9 号"火箭在 2015 年实现一子级成功返回并实现安全垂直着陆，2017 年利用回收的一子级再次发射，实现了火箭动力空天飞行器的重复使用。在此后的几年中，其垂直起降重复使用技术进入了稳定应用阶段，大大加快了美国"星链"等低轨卫星星座的部署进程，成为商业航天领域的领军企业。此外，由美国内华达山脉公司（SNC）研发的另一款基于火箭动力的垂直起飞/水平着陆小型航天飞机——"逐梦者"（Dream Chaser）也在 2017 年首度试飞成功，并于 2018 年底获 NASA 批准量产，未来将实现地球和国际空间站之间的大规模载人/货物运输，有望成为商业化航天的另一个引擎。

对于组合动力空天飞行器，由于受限于超燃冲压动力等关键技术的限制，在过去的 20 年中主要集中在关键技术研究与验证方面。随着超燃冲压技术、预冷技术等吸气式动力取得突破性进展，世界各国也开始逐步着手组合动力空天飞行器的集成演示验证，加速推进应用转化。总的来看，组合动力空天飞行器依然是重复使用空间运输系统未来主要发展趋势之一。

对于我国，在 20 世纪 80 年代针对天地往返运输系统的论证中，虽然最终选择了首先发展技术难度较低的宇宙飞船方案，先解决天地往返运输系统有无的问题，但同步也将空天飞行器作为空间运输系统的远期目标，持续开展了技术攻关与预先研究，获得了大量的技术积累。2017年，中国航天科工集团在第二届中国商业航天高峰论坛上发布了"腾云工程"，目标是在 2030 年之前设计并制造完成中国首架水平起降、重复使用的空天往返飞行器。图 8.13 为"腾云工程"两级入轨空天飞行器。"腾云工程"相关论证成果被纳入中国工程院与国家自然科学基金委员会"中国工程科技 2035 发展战略研究"，明确提出了按照火箭动力和组合动力两条技术路径同步发展"可重复天地往返航天运输系统"重大工程科技项目的建议。2020 年 11 月，中国公布了《中共中央关于制定国民经济和社会发展第十四个五年规划和 2035 年远景目标的建议》，在产业和技术发展路径和方向中指出："瞄准……空天科技等前沿领域，实施一批具有前瞻性、战略性的国家重大科技项目"，明确了从国家层面进行系统性规划。

图 8.13 "腾云工程"两级入轨空天飞行器

总而言之，空天飞行器为人类大规模空间开发利用活动提供了新的运输模式，是未来航空航天技术新的制高点，同时也是大国力量的象征。我们有理由相信，未来 10～20 年内即将迎来空天时代，人类将会进入自由空天往返的航班化运输新征程。站在新的历史起点，我们要抓住历史机遇，系统谋划，遵循"逐步验证技术、分步形成能力"的发展理念，夯实基础，坚持走科学发展的路线不动摇，稳步推进空天飞行器系统发展和工程应用，快速形成新一代航天运输能力，促进我国在航空航天领域的自主创新能力和整体实力达到世界领先水平，为实现航天强国的梦想而奋斗！

参考文献

[1] DENEU F,MALASSIGNE M,LE – COULS O,et al. Promising solutions for fully reusable two – stage – to – orbit configurations[J]. Acta Astronautica, 2005,56(8):729 – 736.

[2] HANK J M,FRANKE M E. TSTO reusable launch vehicles using airbreathing propulsion[R]. AIAA Paper 2006 – 4962,2006.

[3] ZHOU J X,XIAO Y T,LIU K. Preliminary analysis for a two – stage – to – orbit reusable launch vehicle[C]. 20th AIAA International Space Planes and Hypersonic Systems and Technologies Conference,Glasgow,Scotland, 2015:3536.

[4] 王长青. 空天飞行技术创新与发展展望[J]. 宇航学报,2021(7):807 – 819.

[5] MURPHY K J. X – 33 Hypersonic Aerodynamic Characteristics[J]. Journal of Spacecraft and Rockets,2001,38(5):670 – 683.

[6] PITTMAN J L, MCNEIL C F, KOUDELKA J M. Hypersonic project overview[C]. Fundamental Aeronautics Pro – gram 2008 Annual Meeting, October 7 – 9,2008.

[7] HELLMAN B M. Two Stage to orbit conceptual vehicle designs using the SABRE engine [C]. AIAA/Space Conferences and Exposition, Long Beach,USA,September 13 – 16,2016.

[8] 周建兴,张浩成,高启滨,等. 基于 SABRE 技术的高超声速预冷飞行器应用分析[J]. 推进技术,2018,39(10):2196 – 2205.

[9] LONGSTAFF R, BOND A. The SKYLON project [C]. 17th AIAA International Space Planes and Hypersonic Systems and Technologies

Conference,San Francisco,USA,2011:2244.

[10]中国工程科技 2035 发展战略研究项目组. 中国工程科技 2035 发展战略[M]. 北京:科学出版社,2019:330.

[11]龙乐豪,王国庆,吴胜宝,等. 我国重复使用航天运输系统发展现状及展望[J]. 国际太空,2019(9):5-10.

[12]朱坤,杨铁成,周宁. 从低成本角度探讨航天运载器技术发展路线[J]. 飞航导弹,2021(6):6-13.

[13]魏毅寅. 组合动力空天飞行若干科技关键问题[J]. 空天技术,2022,1(1):12.

[14]唐绍峰,张静. 世界主要空天飞行器研制情况及未来发展趋势[J]. 国际太空,2017(10):30-37.

彩　　插

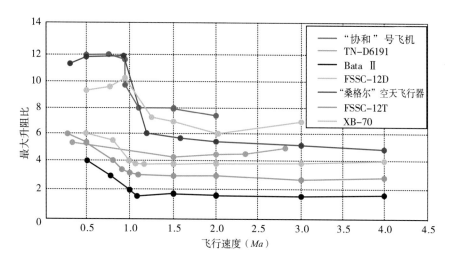

图 2.21　各种超声速飞行器在不同飞行速度下的最大升阻比

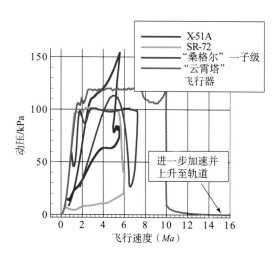

图 4.5　典型飞行器动压 – 飞行速度曲线

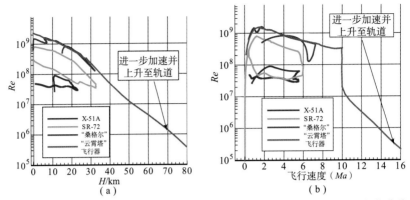

图 4.6 "桑格尔"空天飞行器雷诺数（Re）随飞行高度、飞行速度的变化曲线

（a）雷诺数 – 飞行高度；（b）雷诺数 – 飞行速度

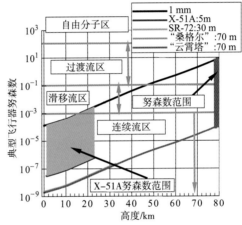

图 4.7 典型飞行器努森数（Kn）随高度的变化曲线

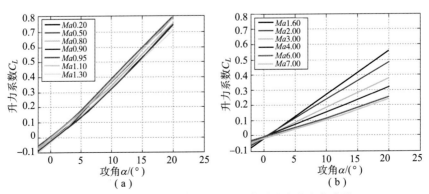

图 4.12 "桑格尔"一子级升阻系数随攻角的变化曲线

（a）亚跨声速升力系数 – 攻角；（b）超声速升力系数 – 攻角

2

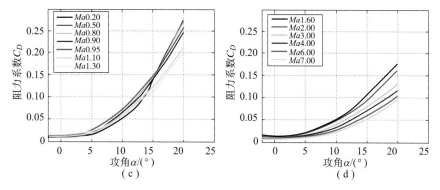

图 4.12 "桑格尔"一子级升阻系数随攻角的变化曲线 (续)

（c）亚跨声速阻力系数 - 攻角；（d）超声速阻力系数 - 攻角

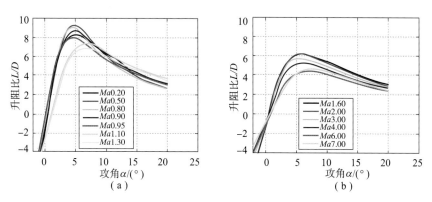

图 4.13 "桑格尔"一子级升阻比随攻角的变化曲线

（a）亚跨声速升阻比 - 攻角；（b）超声速升阻比 - 攻角

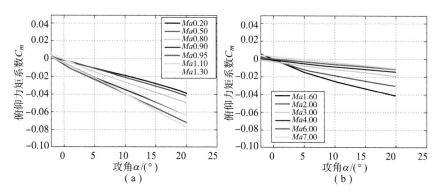

图 4.14 "桑格尔"一子级俯仰力矩系数随攻角的变化曲线

（力矩参考点 $X_{ref} = 0.65L_{ref}$）

（a）亚跨声速俯仰力矩系数 - 攻角；（b）超声速俯仰力矩系数 - 攻角

3

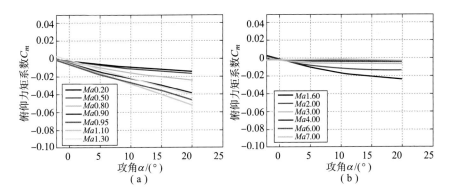

图4.15　"桑格尔"一子级俯仰力矩系数随攻角的变化曲线

（力矩参考点 $X_{ref} = 0.68L_{ref}$）

（a）亚跨声速俯仰力矩系数–攻角；（b）超声速俯仰力矩系数–攻角

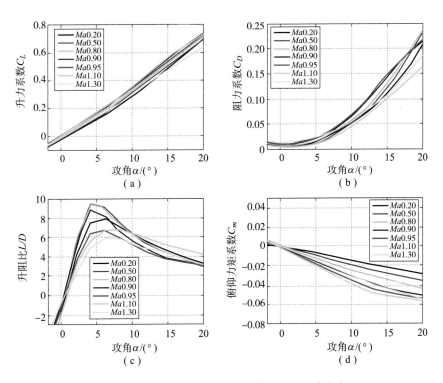

图4.19　亚跨声速气动性能参数随攻角的变化曲线（力矩参考点 $X_{ref} = 0.65L_{ref}$）

（a）升力系数–攻角；（b）阻力系数–攻角；（c）升阻比–攻角；（d）俯仰力矩系数–攻角

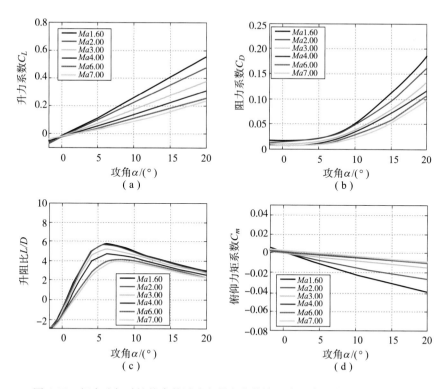

图 4.20　超声速气动性能参数随攻角的变化曲线（力矩参考点 $X_{ref} = 0.65L_{ref}$）

（a）升力系数 - 攻角；（b）阻力系数 - 攻角；

（c）升阻比 - 攻角；（d）俯仰力矩系数 - 攻角

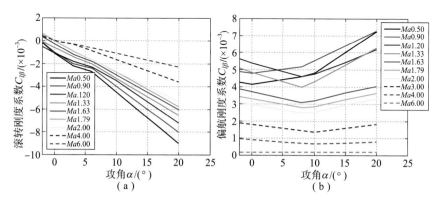

图 4.25　刚度系数随攻角的变化曲线（力矩参考点 $X_{ref} = 0.65L_{ref}$）

（a）滚转刚度系数 - 攻角；（b）偏航刚度系数 - 攻角

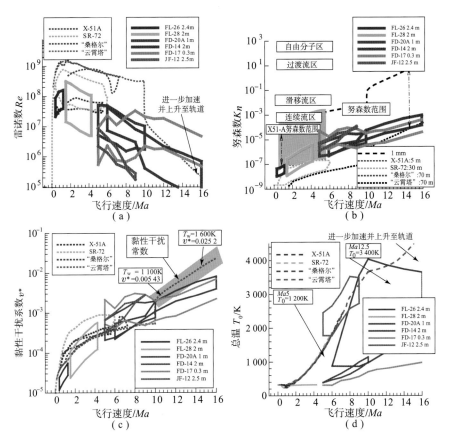

图 7.5　风洞模拟能力与飞行状态对比

（a）雷诺数 – 飞行速度；（b）努森数 – 飞行速度；

（c）黏性干扰系数 – 飞行速度；（d）总温 – 飞行速度

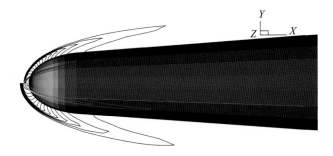

图 7.15　高温气体效应示意图